淡水高效生态养殖技术丛书

鳜鱼
高效生态养殖技术

◎ 冯亚明　杨智景　顾海龙　编著

中国农业科学技术出版社

图书在版编目（CIP）数据

鳜鱼高效生态养殖技术／冯亚明，杨智景，顾海龙编著 . —北京：中国农业科学技术出版社，2018.7

ISBN 978-7-5116-3738-3

Ⅰ . ①鳜… Ⅱ . ①冯…②杨…③顾… Ⅲ . ①鳜鱼-淡水养殖 Ⅳ . ①S965. 127

中国版本图书馆 CIP 数据核字（2018）第 122415 号

责任编辑	闫庆健
文字加工	孙 悦
责任校对	马广洋

出 版 者　中国农业科学技术出版社

北京市中关村南大街 12 号　邮编：100081

电　话　（010）82106632（编辑室）　（010）82109702（发行部）

（010）82109709（读者服务部）

传　真　（010）82106625

网　址　http://www.castp.cn

经 销 者　各地新华书店

印 刷 者　北京富泰印刷有限责任公司

开　本　850mm×1 168mm　1/32

印　张　6. 125

字　数　130 千字

版　次　2018 年 7 月第 1 版　2018 年 7 月第 1 次印刷

定　价　23. 00 元

内容简介

　　本书共分六章。分别介绍了鳜鱼的养殖概况、生物学特性、饲料营养搭配、高效生态水产养殖场的环境和管理、无公害饲料的选择、高效生态养殖模式的饲养管理措施、人工繁殖、苗种培育、苗种及商品鱼的运输、主要养殖模式、常见鱼病及防范措施、加工储运等方面的关键技术，并对养殖生产中存在的难点进行了针对性的解答和阐述，以便读者在鳜鱼高效生态养殖过程中，联系本地实际，针对注意问题及关键技术不断提高健康养殖技术水平或有所创新，从而保证养殖水产品的质量安全。本书内容实用，可操作性强，可供广大农村水产养殖户、水产养殖生产者在从事鳜鱼高效生态养殖时参照应用，也可供大中专学生、水产技术人员在学习、指导及研究时作为参考资料。

前　言

　　鳜鱼俗称桂花鱼、季花、花嘴鳜，其中以翘嘴鳜生长最快。由于其习性凶猛，以其他鱼虾为食，过去被列为池塘养鱼的敌害加以杀灭。我国鳜鱼池塘人工养殖试验始于 20 世纪 50 年代，早在 1958 年，就有不少地区的养殖单位采捕天然鱼苗进行试养。70 年代，江苏、浙江、湖北等省在鳜鱼的人工繁殖技术上取得了重大突破，使人工养殖得到了推广和发展。至 80 年代末，已基本上完善了从人工繁殖、苗种培育至商品鱼饲养的全人工养殖工艺技术。90 年代以来，池塘养鳜迅速发展，且形成了一定的生产规模，涌现了不少高产地区，如广东省的鳜鱼池塘单养技术居国内领先地位，单产可达 6 000~15 000千克/公顷，江苏的池塘养鳜鱼单产超过 7 500 千克/公顷。我国的商品鳜鱼出口主要是从广东省空运出口至我国的港台地区，每千克售价 60~80 元，创汇率很高，是名特优水产品养殖中最有前途的品种之一。

　　鳜鱼肉富含蛋白质，可补五脏、益脾胃、充胃气、疗虚损，适用于气血虚弱体质，可治虚劳体弱、肠风下血等症。明代医学家李时珍将鳜鱼誉为"水豚"，意指其味鲜美如河豚。另有人将其比作天上的龙肉，可见鳜鱼的风味的确不凡。鳜鱼与黄河鲤鱼、松江四鳃鲈鱼、兴凯湖大白鱼齐名，同被誉为中国"四大淡水名鱼"。它肉多刺少，肉洁白细嫩，呈蒜瓣状，肉实而味鲜美，是淡水鱼中的上等食用鱼。鳜鱼是典型的肉食性鱼类，主要吃一些经济价值不大的小型鱼类、小虾和小甲壳动物。它的背鳍很发达，几乎占据整个背部，前部有12根锋利的硬刺，臀鳍有3根硬刺；鱼体色为较鲜艳的黄色，并有许多不规则的黑色斑纹；鳞细小，圆形。它利用身上的花纹为保护色，常常栖息于缓流并有水草丛生的沿岸水域的下层，有时潜伏于泥穴中，窥视摄取食物，一旦发现目标，便悄悄游近，瞅准时机，然后以迅雷不及掩耳之势进行袭击。鳜鱼到冬季多在深水中越冬。

池塘养鳜，易于人为控制，便于采取综合技术措施进行高密度养殖，因而单位面积的鳜产量可大幅度地提高。随着池塘养鳜单位产量的不断上升，从客观上对解决市场紧缺、渔农增收做出了积极贡献，这是举世瞩目的成果。然而，高产量的追求和鳜鱼养殖的快速发展，造成了苗种需求的急剧增加。为此许多人工繁育单位不注重良种选育，或将留塘亲鱼重新配组产卵，造成了鳜鱼种质的严重退化，其负面效应也越来越显露出来。另一方面，高密度养殖模式下鳜鱼的病害问题越来越突出，成为制约鳜鱼养殖业发展的瓶颈。部分鳜鱼养殖地区损失惨重，耗费了大批科技人员的精力，养殖水域也付出了沉重的环境代价，这不仅对鳜鱼养殖本身是个损失，而且导致了养殖对象品质的下降。

随着人们生活水平的提高和保健意识的增强，人们对水产品的质量提出更高的要求，不只讲究其营养性、价格、大小、适口性，而是愈来愈关注水产品的安全卫生。因此，传统的养殖方式受到了前所未有的挑战，食用水产品"从池塘到餐桌"食品生产链全过程的质量安全管理更显重要，高效生态养殖已成为时代要求。生态养殖是近年来在我国大力提倡的一种生产模式，其最大的特点就是在有限的空间内，人为地将不同种的动物群体以饲料为纽带串联起来，形成一个循环链，目的是最大限度地利用资源，减少浪费，降低成本。利用无污染的水域如湖泊、水库、江河及天然饵料，或者运用生态技术措施，改善养殖水质和生态环境，按照特定的养殖模式进行增殖、养殖，投放无公害饲料，也不施肥、洒药，目标是生产出无公害水产品。无公害商品鳜的生产技术涵盖整个水产品生产的全过程，包括水产品的产前、产中、产后等一系列环节，是一个有机联系的整体。首先要严格选择鳜鱼亲本，繁育健康的苗种，其次是保护和改善养殖池塘及邻近水域生态环境，进而为鳜鱼提供充足、优质、健康的饵料，在此基础上，再施以科学合理的放养模式，严格的科学管理和建立生态养殖、疫病防治措施，鳜鱼高效生态养殖才能得以实现。

编著者

2018 年 3 月

目 录

第一章	品种选择

　　鳜属鱼类分布于东南亚温暖地区的淡水水域中，主要种类有鳜鱼、大眼鳜、长体鳜、斑鳜、暗鳜、波纹鳜、麻鳜、漓江鳜等，多数种类分布于我国。我国也是进行鳜类大量养殖的国家，俄罗斯、韩国分别对本国翘嘴鳜、斑鳜开展过养殖研究工作，但以我国养鳜业发展最快。因此，选择养殖品种时，必须以地域环境为前提，以整体生产效益为目标，作为养殖对象必须具有良好的生产性能，其品种的良种选育技术、水产苗种质量应符合水产原、良种的有关标准，选育必须经过专业技术人员检验合格；应加强水产苗种产地检验检疫，检验合格方可出售或用于生产。

一、品种与分布

　　我国鳜类鱼有 11 种，其中翘嘴鳜、大眼鳜和斑鳜分布较广，个体大，资源量较多，是鳜类作为食用鱼中的经济种类，长江流域及以北地区的常见种为翘嘴鳜，珠江流域以大眼鳜数量较多。而其他的如暗鳜、高体鳜、中国少鳞鳜等由于分布区域狭窄，个体小、生长慢，所以渔业价值不大。

　　1986 年佛山市水产养殖技术站和南海县水产养殖场采集长江野生翘嘴鳜进行人工繁殖，并与同期繁殖的大眼鳜鱼苗进行生长对比试验，经 9 个月的养殖，翘嘴鳜平均体重比大眼鳜大 4~5 倍。2002—2005 年上海水产大学与靖江市水产技术指导站合作进行的长江资源调查结果表明：长江流域环境特殊，野生鳜鱼品种多、资源丰富，具有较强的种质资源优势。且长江鳜鱼是长江水系的一个优良品种，具有生长快、抗病能力强、口味独特等优点。并以翘嘴鳜生长最快，养殖效果最好，其次是大眼鳜和斑鳜。

（一）翘嘴鳜 *Siniperca chuatsi*（Basilewsky）

属凶猛性鱼类，体较高，侧扁，背部隆起。头大，口裂略倾斜，下颌突出，上颌后伸至眼后缘。上、下颌前部有犬齿状小齿。前鳃盖骨后缘呈锯齿状。幽门垂 200 个左右。栖息于静水或缓流水域。有在凹塘下降外躺卧的习性，夜间活动觅食，摄食其他鱼类和虾。生殖季节在 5—7 月，产浮性卵。肉质优良，少细刺。一向被誉为名贵鱼。分布于全国各主要水系，长江水系鳜鱼资源较为丰富。

（二）大眼鳜 *Siniperca kneri* Garman

为名贵鱼类。体形与翘嘴鳜相似。眼较大。上颌后端不达眼后缘。幽门垂 68~95 个。性凶猛，以鱼、虾为食。肉味鲜美，少细刺，最大个体可达 2 500 克左右。生活习性与翘嘴鳜相仿，更喜栖息于江河、湖泊的流水环境。主要分布于长江水系。

（三）斑鳜 *Siniperca scherca* Seindacher

外形似鳜。鳃耙 4 枚。侧线鳞 104~124 片。幽门垂 33~45 个。头部具暗黑色的小圆斑，体侧有较多的环形斑。个体不大，一般体长 100~300 毫米，产量不高。在江河、湖泊中都能生活，尤喜栖息于流水环境，分布于长江以南的各水系。可作为水产观赏品种开发。

（四）长体鳜 *Siniperca roulei* Wu

体较细长，头尖长。下颌突出，犬齿成单行；上颌后伸至眼中部的下缘，其前部犬齿为多行。鳃耙退化。颊部、鳃盖及腹鳍前的腹面均有鳞片，群体数量较少。分布于湖南、福建、广西各水系。

（五）暗鳜 *Siniperca loona* Wu

体侧扁，背部呈弧形，口端位，上下颌几乎等长；口较小，上颌后端达眼中部。眼大。鳃耙 6~8。侧线鳞 64~70 片。幽门垂 10 个左右。体色深暗。栖居山溪的缓水区。个体小，常见为 60~120 毫米。数量不多，分布于湖南、广西各水系。

二、鳜鱼高效生态养殖的基础——苗种

获得健康的苗种，是鳜鱼生态养殖过程中最重要的一个

环节。俗话说，"龙生龙、凤生凤"，在自然条件下，虽然雌鳜产卵量有几万到几十万粒，但恶劣的外界环境导致只能有一部分能成活、生长，这是自然界优胜劣汰作用的结果。在养殖生产中，如果没有品质优良的苗种，其他环节做得再周到，也达不到优质的商品鳜标准。

目前就苗种而言，制约商品鳜鱼养殖发展的主要因素有两点，一是部分鳜鱼苗种繁育单位为降低生产成本，不重视亲鳜的更新和培育，大多是从自己养殖的商品鳜中选留。一般是根据生产需要，有意识地将少量体型好、健壮、无病的商品鳜集中放在专池培育一段时间后，即用于人工繁殖；或将本地区亲缘关系很近的亲鳜于繁殖季节重新配组产卵。这就有可能在人为因素的影响下，造成近亲繁殖，从而导致的后果将非常严重，其后代常常会出现先天不足、畸形、早熟、生长缓慢、自身免疫能力明显下降或者是其他遗传性疾病流行，这不仅影响到养殖产量，也降低了商品鳜应有的品质，如近年来源于南方的鳜鱼在生产中疾病大面积暴发，特别是病毒性肝胰腺坏死症，给鳜鱼养殖生产造成巨大的经济损失。二是优质鳜鱼苗种供应的严重匮乏。虽然鳜鱼苗种繁殖技术已达到规模化生产要求，但由于鳜鱼食性独特，多数育苗单位仍未解决鳜鱼苗种培育成活率偏低的难题，大规格苗种生产效果很不稳定，严重制约了鳜鱼养殖规模的发展。随着市场对商品鳜需求量的增加和水产结构调整进程的加快，鳜鱼苗种供需矛盾越来越大。

从目前我国鳜鱼养殖的状况看，要杜绝上述问题，实现苗种优化，应该从源头抓起，经常不断更新亲鳜，最好从自然界大水域中采集、挑选，或者从国家指定的原种基地引进亲本，购买苗种，以确保养殖对象具备优良的性状，并使其优良性状稳定不变，或达到更加优秀的水平，从根本上实施健康养殖。

近年来，珠江水产研究所针对鳜鱼病毒研究发现，珠江三角洲的亲鱼和苗种大部分都带有鳜鱼病毒，而长江野生鳜鱼及当年产的子代则不带病毒，且其子代生长快，抗病率强。因此，发挥长江鳜鱼种质优势，采集长江野生翘嘴鳜鱼，采用封闭式养殖和繁殖技术，并对水源和养殖水体进行严格的水处理，建成无特定病原（SPF）的长江鳜鱼苗种基地，可以克服目前鳜鱼种质退化、抗病力弱等缺点，缓解当前鳜鱼苗种供需矛盾，促进鳜鱼养殖的健康发展。

三、鳜鱼的生物学特性

鳜鱼在分类学上隶属鲈形目、鮨科、鳜鱼属。

（一）形态特征

鳜鱼体肥肉厚，高而侧扁，口大，端位，口裂略倾斜，上颌骨延伸至眼后缘，下颌稍突出，上、下颌前部的小齿扩大成犬齿状，眼上侧位，前鳃后缘具4~5枚棘，鳃盖骨后部有2个平扁的棘，圆鳞细小，背鳍长，前部为棘，后部为分枝软条，身体呈黄绿色，腹部黄白色，体两侧有大小不规则的褐色条纹。鳜鱼喜欢栖息于清洁、透明度较好、有微流水的环境中，常钻入洞穴、石缝中或草丛内，夜间出来觅食，冬季潜入深水处。

鳜鱼为典型的肉食性鱼类，喜食活饵料，常吞食超过自身长度的鲢鱼、青鱼、团头鲂、鳊、细鳞斜颌鲴等活鱼苗。在生长的不同阶段，其摄食对象有所不同。全长 15 厘米以下的鳜鱼喜食虾类及小型的鱼等，25 厘米以上的则喜食较大型鱼类如鳊、鲤等。长扁圆，尖头，大嘴，大眼，体青果绿色，体侧有不规则的花黑斑点，小细鳞，截形，前半部为硬棘且有毒素，后半部为软条。以肉质细嫩丰满、肥厚鲜美、内部无胆、少刺而著称，故为鱼种之上品。另有人将其比成天上龙肉，说明其风味的确不凡。它肉多刺少，肉洁白细嫩，呈蒜瓣状，肉实而味鲜美。鳌花鱼是典型的肉食性鱼类，性凶猛。刚从鱼卵中孵化出的鳌花鱼苗就以别种鱼苗为食。成鱼捕食的对象，主要是一些经济价值不大的小型鱼类。与它的食性相适应，它的嘴长在端位，并且很大，下颌突出，上、下颌骨上有许多犬状齿，几乎占居整个背部，前部有 12 个锋利的硬刺，臀鳍有 3 个硬刺；鱼体色为较鲜艳的黄色，并有许多不规则的黑色斑纹；鳞细小，圆形。它利用身上的花纹为保护色。

鳜鱼属于分类学中的鲉科鱼类。鳜鱼口裂大且上位，略呈倾斜状，下颌向前突出，上颌骨延伸至眼的后缘。在上、下颌骨和口盖骨上均长有大小不等的锋利牙齿，前鳃盖骨后缘锯齿状，下缘有 4~5 个大棘，鳃盖后缘有 1~2 个扁平的棘；鳜鱼的鳞圆而细小，体色为棕黄色，较鲜艳，分布许多不规则斑块。通常自吻端穿过眼部至背鳍前下方有一棕黑色或红褐色条纹。第 6~7 背棘下有一暗棕色横带。背鳍、尾鳍、臀鳍上都有 2~4 条棕色圆斑连成条带。背鳍发达，前部为硬刺，后部高大且圆。胸鳍、臀鳍、尾鳍均呈圆形。它的腹鳍、臀鳍前部都长有锋利的硬骨刺，是黑龙江中最美丽的一种鱼。它嘴大牙利，身宽尾短，游动起来五彩斑斓，背鳍状如皇冠，鳍骨锋利如刀戟，似战场上披挂齐全的一员战将，长相威猛潇洒，雄健无敌，在水里横冲直撞，有一股势不可挡的霸气。

背鳍 Ⅷ，13~15；臀鳍 Ⅲ，9~11；胸鳍 13~16；腹鳍 Ⅰ，5~6。侧线鳞 121~128 片；鳃耙外侧 6~7；脊椎骨 26；幽门垂 132~323 个。

体长为体高的 2.7~3.1 倍，为头长的 2.5~2.9 倍，为尾柄长的 5.9~6.8 倍，为尾柄高的 8.7~10 倍。头长为吻长的 3.3~3.8 倍，为眼径的 5.3~8.1 倍，为眼间距的 6.6~8 倍。

体较高而侧扁，背部隆起。头大吻尖。口大，端位，口裂略倾斜。上颌骨延伸至眼后缘，下颌稍突出。上、下颌以及犁骨和口盖骨均具有绒毛状小齿，而上、下颌前部的小齿则扩大成犬齿状。眼较小，上侧位。前鳃盖骨后缘呈锯齿状，有 4~5 个大棘。鳃盖骨后部有 2 个平扁的棘。体鳞细小，圆鳞，颊部及鳃盖也被鳞。侧线完全，沿背弧向上弯曲呈半月状。背鳍长，为两部分，前部为硬刺。胸鳍圆形。腹鳍近胸部，尾柄短宽，尾鳍发达，后缘呈扇圆形。鳔大，1 室，腹腔膜白色。

体色背部为黄绿色，腹部灰白色。体侧具有不规则的暗棕色斑点及斑块。自吻端穿过眼眶至背鳍前下方有一条狭长的黑色带纹，在背鳍的第 6~7 根刺的下方有一条较宽的暗棕色垂直带纹。背鳍、臀鳍、尾鳍上均有暗棕色的斑点连成带纹。

（二）生态习性

鳜鱼属淡水性鱼类，一般生活在静水或缓流的水体中，尤以水草茂盛的湖泊中数量最多，适宜于在池塘中养殖。春季，鳜鱼游向浅水区，白天有卧穴的习性，渔民即用"踩鳜鱼"或"鳜鱼夹"等方法捕捉。夜间鳜鱼喜在水草丛中觅食，夏、秋季活动频繁，冬季水温在7℃以下不大活动，常在深水处越冬。生殖季节，亲鱼群集到产卵场进行产卵活动。幼鱼常游动在沿岸水草丛中。

鳜鱼喜欢清新的水质环境，对水体溶氧量要求较高，在3毫克/升以上才能正常生活。当水中溶氧量低于2.3毫克/升时会出现滞食，降至1.5毫克/升时开始浮头，降至1.2毫克/升时出现严重浮头，并出现吐食现象。鳜鱼对水体的透明度要求一般不低于40厘米，而四大家鱼为20厘米。鳜鱼摄食是依靠视觉来发现和辩别食物的，如果水体混浊，就会使鳜鱼因猎食困难而影响生长。

鳜鱼对酸性水质特别敏感，忍受能力比四大家鱼差，当水体的pH值低于5.6时，其他家鱼尚可适应，而鳜鱼苗即开始出现死亡。

（三）食性与生长

鳜鱼为典型的肉食性凶猛鱼类，终生以活鱼、活虾为食，夏花阶段同类相残现象相当严重。当鳜鱼孵化出膜开食后，消化器官发育基本正常时，即以其他鱼类的活鱼苗为食。不同阶段的鳜鱼其饵料鱼规格又各不相同。苗期是靠吃繁殖的其他鱼类幼苗生长，如团头鲂、鲢鱼及其他野杂鱼苗等。鱼苗阶段能吞食相当于自身长度 70%~80% 的其他鱼类的鱼苗，在它体长 7 毫米时，就能捕食体长 3.5 毫米的其他鱼苗。其胃容量大，饱食后腹部鼓起，1 尾全长 11.5 毫米的鳜鱼苗胃内一次能容纳 5 尾刚吃进的全长 7~10 毫米的其他鱼苗，一次饱食能达到自身体重的 50%。5~6 日龄的鳜鱼苗一般从饵料鱼尾部攻击，先咬住其尾部，然后吞食。当鳜鱼苗体长达 1.3 厘米左右时，鳜鱼苗便开始从正面或侧面咬住饵料鱼的头部，然后吞食。鱼种阶段食性相对广些，在天然水域中，全长 10~16 厘米的鳜鱼，食物中虾的出现频率为 83.3%，远远超过鱼类的出现率。成鳜食性较广，摄食小型鱼类和虾等，其食物组成随水体中的食物组成而异，如果在适口饵料丰富的情况下一般很少攻击虾类。25 厘米以上时则以大型鱼类为主要食物，体长 31 厘米的鳜鱼能吞食体长 15 厘米的鲫鱼，一些体形为纺锤形或棍棒形的鱼类，常是鳜鱼吞食的对象，易吞食的最大饵料鱼的长度为自身长度的 60%，而以 26%~36% 者适口性较好。如果捕获的食物较长，无法一次吞进去，这时鳜鱼能把已吞进胃里的部分卷曲起来，再把其余部分逐渐吞进去。在养殖条件下，饵料种类多样且丰盛时，常选择体形细长、鳍条柔软、个体较小的鱼类为食，饥饿时，会相互残食。因此，在养殖鳜鱼的各阶段，均要投喂足够的饵料，当饵料适口、充足时，生长速度较快。网箱中饲养的一冬龄鳜，平均体长为 31.68 厘米，相当于天然水体中 3 冬龄鳜的体长。池养鳜当年一般可达 400～600 克，最大个体可达 1 300 克以上。2 龄前的鳜比高龄鳜生长快，而 1 龄又快于 2 龄鳜，在相同条件下，前者体长和体重的增长分别为 1.33 倍和 2.39 倍，后者仅为 1.16 倍和 1.47 倍。因为鳜在冬季并不完全停食，仍持续生长，只是摄食强度和生长速度减缓。从 4 冬龄开始，体重和体长增长减慢，第三年开始，雌性生长速度超过雄性。天然水域中鳜鱼的体长和体重的关系见表 1-1，天然水域中鳜鱼的生长情况见表 1-2、表 1-3。

表 1-1　天然水域中鳜鱼体长和体重的关系

雄性		雌性	
体长（厘米）	体重（克）	体长（厘米）	体重（克）
17.3	130.4	17.7	105.3
22.0	245.0	24.6	333.0
32.4	743.70	33.5	915.0

注：摘自徐在宽等主编的《鳜鱼鲈鱼规模养殖关键技术》

表 1-2　天然水域中雌性鳜鱼的生长情况（单位：厘米）

	鱼数（尾）	L_1	L_2	L_3	L_4	L_5	L_6	L_7
第 2 年鱼	49	12.9						
第 3 年鱼	20	15.1	28.0					
第 4 年鱼	28	14.8	27.1	34.8				
第 5 年鱼	2	12.7	27.3	37.0	44.3			
第 6 年鱼	1	18.1	27.5	43.6	44.6	48.0		
第 7 年鱼	1	17.7	30.3	42.5	51.4	57.0	59.2	
第 8 年鱼	1	12.1	21.2	42.5	43.4	46.2	49.2	50.5
平均		13.9	27.4	35.6	45.6	50.4	54.2	50.5

注：资料出处同表 1-1

　　L_1 为根据年轮推算而得到的 1 冬龄鱼的体长；L_2 为 2 冬龄鱼的体长，余下类推

表 1-3 天然水域中雄性鳜鱼的生长情况 （单位：厘米）

	鱼数（尾）	L_1	L_2	L_3	L_4	L_5
第 2 年鱼	55	12.5				
第 3 年鱼	17	12.8	21.4			
第 4 年鱼	13	13.9	24.0	28.9		
第 5 年鱼	4	11.7	22.5	27.9	31.4	
第 6 年鱼	1	14.4	26.7	32.1	36.0	38.3
平均		12.8	22.7	28.9	32.3	38.3

注：资料出处同表 1-1

在水质良好、饵料充足的条件下，人工养殖的鳜鱼发挥了肉食性凶猛鱼类的生长优势，比在天然水域中的生长速度快很多。刚孵出的长江翘嘴鳜鱼苗体长 0.4 厘米左右，经人工培育 20 天，体长可达 3 厘米，体重约 0.5 克，经 2 个月饲养，体长可达 12 厘米，体重 50 克。池塘主养鳜鱼当年一般可达 300~600 克，最大个体可达 1 325 克（表 1-4），整个饲养周期约半年时间。网箱中饲养 294 日龄的鳜鱼平均体重 887.95 克，其体长与天然条件下 3 冬龄鱼相当，体重为湖泊、水库中同龄鳜鱼的 5.97~7.79 倍。但饲养条件的好坏、管理水平的高低对鳜鱼生长影响很大。

表 1-4 当年长江鳜鱼生长情况测数据 （单位：厘米、克）

序号	体长	体高	体重	序号	体长	体高	体重
1	5.0	1.7	5.5	19	18.0	7.0	160.0
2	5.5	2.0	7.2	20	19.0	7.4	169.0
3	6.0	2.1	9.1	21	20.0	7.6	174.0
4	6.5	2.3	11.4	22	21.0	7.9	188.0

（续表）

序号	体长	体高	体重	序号	体长	体高	体重
5	7.0	2.6	14.0	23	22.0	8.0	228.0
6	7.5	2.8	16.9	24	23.0	8.3	244.0
7	8.0	3.0	20.2	25	24.0	8.7	358.0
8	8.5	3.2	23.9	26	25.0	8.9	436.0
9	9.0	3.3	27.9	27	26.0	9.5	475.0
10	9.5	3.6	32.4	28	27.0	9.9	536.0
11	10.0	3.8	37.3	29	28.0	10.1	660.0
12	11.0	4.2	48.6	30	29.0	10.2	691.0
13	12.0	4.6	61.7	31	30.0	10.5	705.0
14	13.0	5.0	77.0	32	31.0	11.0	770.0
15	14.0	5.4	94.4	33	32.0	11.7	985.0
16	15.0	5.8	114.0	34	33.0	11.8	1 020.0
17	16.0	6.2	136.0	35	34.0	12.1	1 048.0
18	17.0	6.6	141.0	36	36.5	13.2	1 325.0

（四）繁殖习性

鳜鱼的繁殖季节为 4—8 月，长江流域 5 月中旬至 7 月初，北方较迟，广东、广西壮族自治区和海南地区进入 4 月就可催产。繁殖时适宜水温 20~32℃，最适水温为 25~28℃。天然水域的鳜鱼亲鱼有集群现象，尤其是那些具有一定水流的湖泊、河道入口处，是其理想的产卵场所，产卵通常是在夜间进行，属多次产卵类型，产卵活动可延续 3~6 小时，个别亲鱼间断产卵时间长达 24 小时。

在天然水域中，雌性翘嘴鳜 3 冬龄即可成熟产卵，雄性有时 2 冬龄即可成熟。大眼鳜雄鳜 1 冬龄性成熟，最小个体 15.6 厘米，重 80 克左右；雌鱼 2 冬龄性成熟，最小个体体长在 21 厘米左右，体重 130~250 克，性腺重 20 克以上。每年的 11 月，其卵巢可达第 III 期，以第 III 期卵巢越冬，翌年的 4—5 月，卵巢从第 III 期发育至第 V 期，温室饲养和南方地区鳜鱼性腺发育要快于北方地区。怀卵量一般在 3 万~60 万粒之间，个体越大怀卵量越多，而相对怀卵量与体长无明显关系。受精卵孵化温度为 20~32℃，最适温度为 25~30℃，在较低水温范围内（21~25℃），孵化时间要长，受精卵经 43~62 小时，胚体才能孵出。

鳜鱼被移殖到南方饲养时，由于气温较高，饵料充足，生长速度加快，性成熟年龄提早，一般经 1 冬龄养殖可以达到性成熟，但由于个体较小影响种苗质量。因此，人工繁殖的亲鱼最好选择 2 冬龄，体重在 1 500 克以上的个体。受精卵在环道中流水孵化，由于溶氧量高，水温稳定，孵化时间短，在水温为 23.5~25.5℃时，约需 34 小时；在 24~28℃时，约需 28 小时；在 28~30℃时为 24.5 小时。

第二章  水产生态养殖场
的环境与管理

生态养殖是近年来在我国大力提倡的一种生产模式，这对水产品生产提出了全新的要求。为适应水产健康生态养殖工程的不断推进，必须从源头抓起，这是保证食用安全的根本。因此，鳜鱼高效生态养殖的前提就是创造良好的环境条件和加强管理。

一、环境要求

优质的农产品来源于良好的环境，鳜鱼产地环境的优化选择技术是鳜鱼高效生态养殖的前提。产地环境质量要求包括无公害水产品渔业用水质量、大气环境质量及渔业水域土壤环境质量等要求。

鳜鱼养殖场的选址、设计和建设应考虑潜在的水产品安全危害因素。水体环境的化学污染，土壤与水的相互作用对水质的影响有可能对商品鳜安全造成危害。土壤的性质能够影响池塘的水质，水的酸碱度等因素与土质也有关。如酸性土壤降低水的 pH，并有可能使土壤中的部分金属析出，池塘也能通过邻近的农田、水域或其他途径而受杀虫剂以及其他化学品污染染，从而导致商品鳜含有过量化学有毒有害物质。因此，养殖场周围一定范围内应无污染源（包括污水、粉尘、有害气体等），池塘开挖前应进行土壤调查，以确定该土壤是

否适合于鳜鱼养殖。

（一）水体环境

鳜鱼、饵料鱼等水生经济动物，终生生活在水中，它们离开水，就像人类失去大气一样无法生存。所以说水环境是它们赖以生存的基本条件。水源、池塘水环境的好坏直接影响商品鳜的产量和质量。

1. 水源

养殖场应有充足的水源、良好的水质供给。鳜鱼主养池放养密度相对较高，又必须有足量的饵料鱼供应，排泄物比常规鱼塘要高得多，池水溶解氧量往往较低，水质容易恶化，易导致池鱼严重浮头，如无法及时加注溶氧量高的新水，易造成泛塘，引起池鱼大量死亡。增氧机虽可防止泛塘，但不能从根本上改善水质。

水源以无污染的江河水、湖水或大型水库水为好。这种水溶氧量较高，水质良好，适宜于鱼类生长。使用井水时，可先将井水抽至一蓄水池中，让其自然曝气和升温，通过理化处理后也可作为水源。

总之，应确保水源水质的各项指标符合农业部行业标准《无公害食品 淡水养殖用水水质》（NY 5051—2001）的规定，最大限度地满足鳜鱼对水质的需求，使鳜鱼在相对优越、安全的条件下快速肥育长成。

2. 水质

养殖用水水质要求 pH 值为 7~8.5。溶氧量在连续的 24

小时中，16 小时以上应大于 5 毫克/升，其余时间不低于 4 毫克/升。总硬度以碳酸钙计为 89.25～142.8 毫克/升，有机耗氧量在 30 毫克/升以下，氨氮含量在 0.1 毫摩/升以下，硫化氢不允许存在。工矿企业排出的废水或生活污水，往往含有对水生动物有害的物质，没有经过分析和处理，不能作为养殖用水。水中有毒有害物质含量应符合《无公害食品　淡水养殖用水水质》要求（表 2-1）。

表 2-1　淡水养殖用水水质要求

项目	标准值
色、臭、味	不得使养殖用水带有异色、异臭、异味
总大肠菌群（个/升）	≤5 000
汞（毫克/升）	≤0.000 5
镉（毫克/升）	≤0.005
铅（毫克/升）	≤0.05
铬（毫克/升）	≤0.1
铜（毫克/升）	≤0.01
锌（毫克/升）	≤0.1
砷（毫克/升）	≤0.05
氟化物（毫克/升）	≤1
石油类（毫克/升）	≤0.05
挥发性酚（毫克/升）	≤0.005
甲基对硫磷（毫克/升）	≤0.000 5
马拉硫磷（毫克/升）	≤0.005
乐果（毫克/升）	≤0.1
六六六（丙体，毫克/升）	≤0.002
滴滴涕（毫克/升）	≤0.001

（二）土壤环境

池塘的土质以壤土最好，砂质壤土和黏土次之，沙土最差。壤土透气性好，黏土容易板结、通气性差，沙土渗水性大，不易保水且容易崩塌。养殖池的底质应无废弃物和生活垃圾，无大型植物碎屑和动物尸体，底质无异色、异臭，自然结构。无公害水产品生产对渔业水域土壤环境质量规定了汞、镉、铅、锌、铬、砷及六六六，滴滴涕的含量限值，其残留量应符合《农产品安全质量 无公害水产品产地环境要求》（GB/T18407.4—2001）的规定（表2-2）。

表2-2 底质有害物质最高限量

项 目	指标（毫克/千克，湿重）
总汞	≤0.2
镉	≤0.5
铜	≤30
锌	≤150
铅	≤50
铬	≤50
砷	≤20
滴滴涕	≤0.02
六六六	≤0.5

鳜鱼养殖后，所投饵料均为活饵，排出粪便沉积池底，其中大量有机物分解转化消耗大量氧气，易造成缺氧，同时还会产生氨和硫化氢等有害物质，影响鳜鱼生存和生长。因此，主养池需每年清淤，并保留适量的淤泥（10~15厘米），

这样既可以减少池底过多的有机物所带来的危害，还能有利于稳定水质，是实行鳜鱼生态养殖的重要措施。

（三）大气质量

无公害水产品生产对大气环境质量规定了 4 种污染物的浓度限值，即总悬浮颗粒物（1'SP）、二氧化硫（SO_2）、氮氧化物（NOX）和氟化物（F），浓度应符合《环境空气质量标准》（GB 3095—1996）的规定。

（四）交通与机电

养殖场所不仅需要生态环境和水源、水质条件良好，还需要交通方便、电力供应和机电配套。交通方便有利于鱼种、饵料和商品鱼等的运输，而电力供应可靠，才能保证排灌、人工繁育设备的正常运转，以保障生产发展。

随着鳜鱼养殖技术不断完善和成熟，根据高密度集约化饲养鳜鱼的要求进行人工配合饲料养鳜，同时根据生产水平和规模相应配套好增氧设备和饲料加工设备及其他机电设备，既有利于生产水平的提高，又有利于推进鳜养殖向工业化、产业化方向发展。

二、池塘条件

我国鳜鱼生产的主要途径是池塘养殖，一些大型渔场通过人工开挖或洼地改造而成，人们可以对池塘加以控制，鳜鱼为淡水名贵鱼类，养殖池塘一般条件比常规鱼饲养池要高。主要要求是水源水质好、面积和水深适宜、淤泥较少、水源充足，水质良好，底质以沙壤土为好，要求池塘淤泥少于20厘米，并有一定量的底栖生物和适量水生植物，如螺、蚬、水草等，良好的养鳜池塘应具备以下几方面的条件。

（一）池塘形状和周围环境

池塘形状应整齐有规则，以东西长、南北宽的长方形为好。其优点是池埂遮荫小，水面接受日照时间长，有利于浮游植物的光合作用产生氧气，并且夏季多东南风，水面容易起波浪，使池水能自然增氧，有利于养殖对象生长。长方形池塘地面利用率高，施工方便，相邻池塘可共用的池堤量大，其清污、起捕等操作也较为方便。长方形池塘的长宽比以5∶3为宜，这种长方形鱼池不仅外形美观，而且拉网操作方便，注水时较易形成全池的池水流转。另外，可结合当地地形的合理利用、常年风向和水体交换充分程度等，选择正方形、梯形、三角形等池塘形状。然而不论何种形状的池塘，都应避免在池塘换水时出现涡流和静水区域。涡流指水流在池中某一区域形成定向的旋转运动，涡流使池中残饵粪便等污物较长时间滞留于池中而难以去除；池塘中静水区域又称死角，此类区域中养殖水体得不到有效交换，残渣污物难以清除，池塘出现死角多是因池塘形状、面积与进、排水口位置及流量不相适应而产生。池塘坡比为1∶1.5~2.5，塘底向排水口处要有一定的倾斜度，便于干塘捉鱼，塘内最好培植少量水草，有利于鳜鱼栖息和捕食。

池塘周围不宜种植高大树木和高秆作物，以免阻挡阳光照射和风力吹动，影响浮游植物的光合作用和气流对水面的作用，从而影响池塘溶氧量的提高。

（二）面积和水深

就鳜鱼养殖来说，池塘面积不论大小都可以。主养鳜鱼池面积过小，虽有利于提高饵料鱼的密度，增加鳜鱼的捕食机会，减少其体能消耗，提高鳜鱼生长速度，但水体环境不容易稳定；面积过大，所投饵料鱼不容易被鳜鱼吃到，同时产生摄食不均等现象，且池大则受风面大，容易形成大浪对池埂造成影响，对其他管理也不方便。根据目前的管理水平，面积一般以 0.5~0.7 公顷较为适宜，大规格鱼种培育池面积可相对小些，以 0.06~0.2 公顷为宜。水深以 1.5~2.5 米为好，具体视饵料鱼品种确定，以廉价鲮、鲫、鲢鱼种为饵料鱼时，宜选浅塘，因为鲢、鳙、鲮鱼均为上层鱼类，特别是鲢鱼游动十分迅速，塘浅一点利于鳜鱼捕食；以底栖鱼类作为饵料鱼时，池塘可深一些。但池塘也不是愈深愈好，如池水过深，深层水中光照度很弱，浮游生物数量不多，光合作用产生的氧也很少，并且受力所形成的对流作用也极小，而有机物残渣的分解需大量耗氧。尽管由饵料鱼的游动能造成部分上下层水的对流，但深层水还是经常缺氧。据测定，主养鱼池水深 3 米以下处的溶氧量均值在 1 毫克/升以下。因此，池水过深对鱼是不利的。实践证明，主养鳜池长年水深应保持在 1.5~2 米为宜，鱼种培育池水深一般为 1~1.5 米。

（三）池塘布局

池塘改造应根据选址环境或原有池面积大小、形状以及历史情况等进行设计，可改造为单个或多个池，多个池又可分种苗培育池、商品养成池和饵料鱼配套池，或根据生产需要进行合理布局。

池塘布局应因地制宜，有利于灌排水、生产、运输，以并联方式为宜。并联指每个池塘直接从引水渠中取水或排出，注水一次性使用，水质清新，溶氧量充足，容易控制池塘水质。同时，池塘间彼此独立，对防止病害的交叉感染和药物的施用较为有利。因起捕鱼等原因断水也不影响其他池塘，生产中凡条件许可时均应采用并联布局。

（四）低洼地改造

鳜鱼养殖的池塘应根据洼地地形条件和进、排水流向开挖，因地制宜，以水面日照时间长，有利于水生生物的光合作用为前提，不一定拘泥于某种形状。如洼地或池塘达不到上述要求，就应加以开改。改造池塘时应按上述标准进行，小改大，不规则改规则，并将池底周围淤泥挖至堤埂边，贴在池埂上，待稍干后拍打夯实，这样既能改善池塘条件，增大蓄水量，又能为种植提供优质肥料。除新开池塘外，其他池塘经过一定时期的养鱼后，因死亡的生物体、鱼的粪便、残剩饵料等不断积累，加上泥沙混合，池底逐渐会积存一定厚度的淤泥，对鳜鱼养殖弊多利少，养鳜池塘要求淤泥较少、淤泥深度在 20 厘米以下，因此每年冬季或鱼种放养前必须干池清除过多的淤泥，并让池底日晒和冰冻，改良底质，最好用生石灰清塘，每公顷用生石灰 1 500~2 250 千克，一方面杀灭潜藏和繁生于淤泥中的鱼类寄生虫和致病菌，另一方面中和土质，使池底呈弱碱性，有利于提高池水的碱度和硬度，增加缓冲能力。

（五）进、排水设施

整个设施分进水控制闸、排水控制闸、导流通道及启闭装置等部分。其结构、位置的确定，应保证池水的交换充分以及生产的安全性。

三、养殖用水管理

池塘养鳜是我国商品鳜生产的主要途径，养殖用水大多取自江河、湖泊、水库等水域，可见能够用作鳜鱼养殖的水源还是很多的。但目前水体状况不容乐观，受人类活动的影响，大量工业有毒污水、生活污水向江河、湖泊等水域无度排放，不仅造成鱼类资源枯竭，而且对养殖用水亦产生严重威胁。因此，养殖用水管理是生产环节中的一项重要工作，主要包括水源管理、池塘水体自身污染的处理和其他卫生管理工作。

（一）水源水质管理

江河、湖泊是我国淡水鱼类的摇篮，应该说它有着天然鱼类生存最好的外界环境，但由于诸多因素，渔业污染事故常有发生，在鳜鱼高效生态养殖过程中，必须要做好以下两方面的工作。

1. 严格监控外源水质

绝对禁止有污染的水体进入养殖场所，避免造成不必要的危害和损失。

2. 对引用水进行初级处理

目前多数生产单位生产用水引自江河、湖泊，由于每年汛季（也是生产用水高峰季节），江河、湖泊水体中泥沙含量较大而混浊（浊度一般在 180 左右），程度较轻时可影响养殖对象正常摄食，增加池中泥沙积存，挤占池底空间，造成池底淤平，严重时可导致养殖对象呼吸障碍或淤塞排水通道。因此，在使用含泥沙过重的长江水从事鳜鱼养殖时，一般须进行初级处理，将来水导入处理池中经沉淀或流经湿地处理后再输入养殖池。沉淀或初级处理区示意图见图 2-1。

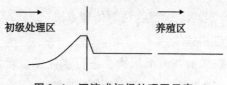

图 2-1　沉淀或初级处理区示意

常用的沉淀或初级处理区，是将水源来水进入沉淀区后由上升坡而跃起形成反向流动，能量消减致使流速降低，通常流速降至 40 厘米/秒以下时较大颗粒的沉沙即从水流中分离而滞留，流速降至 25 厘米/秒以下时小颗粒沙可由水体中沉淀而出。因此，排沙池应有足够的面积以使经过该池的水流减速到所需要的流速。来水经沉沙后引入池塘（或养殖区）。促使泥沙沉淀除利用减速法外，还可在沉淀池内密植水生植物（建造水底森林），不但能有效地沉积水中泥沙等杂质，还能发挥水生植物对水体净化功能。

■ （二）自身污染的处理

水是构成鱼类身体的主要成分，是其生活的空间，它参与其机体营养物质的输送和吸收，能量的摄取和代谢物的排泄等重要的生命活动。水环境的质量和状态直接影响其生命的各个阶段和生活的各方面。因此，满足鳜鱼生态养殖需要的水体不但要有丰富的水量，而且要有适合其生理特点的理化性质的水质。所以说要实施鳜鱼高效生态养殖首先要有一池有益鳜鱼健康的水体才行。如何有效地控制养殖水体自身污染的过程、保护环境已成为标准化生产的重要内容，在生产实施过程中，可根据不同情况对池塘水体和养殖后的废水采取物理法、化学法、生物法等处理方法。

1. 工程性措施

包括挖掘移走底泥沉积物、进行水体深层曝气、定时进换水等。其中微流水是一个很好的处理方法。

2. 化学方法

即正确选用药物处理池水。使用药物是调整水域生态平衡的一个手段，合理、有效、适度地使用药物是维持水域生态系统环境，进行健康养殖的一个重要方面。如清塘、消毒使用生石灰等外用药物时，可按其性质、时效等进行配制，或采取对池塘、养殖用水进行预先消毒处理的方式。但滥用药物会导致水域生态系统的严重失调，水质恶化，甚至导致疾病的发生。

3. 生物修复

利用水生生物吸收氮、磷元素进行代谢活动，以去除水体中氮、磷营养物质的方法。

植物修复（Photo remediation）是近十几年刚兴起的技术，并逐渐成为生物修复中的一个研究热点。在土壤修复中利用适当的植物种类不仅可去除环境中的有机污染物，还可以去除环境中的重金属和放射性核素。并且植物修复适用于大面积、低浓度的污染位点。在富营养化地表水体的修复中，组建常绿水生植被也是很有前途的水质控制与净化技术。由于植物修复有其一系列优点，近年来有关的研究很多，有的已进行了野外试验并已达到商业化的水平。在目前的研究中，开发具有超量积累金属倾向的天然作物，植物主要通过三种机理去除环境中的有机污染物，即植物直接吸收有机污染物；植物释放分泌物和酶，刺激根区微生物的活性和生物转化作用以及植物增强根区的矿化作用。

根据我们近几年来进行的微流水养殖试验表明，利用植物对环境进行修复即植物修复是一个既经济、又适于现场操作的去除环境污染物的技术。植物具有庞大的叶冠和根系，在水体或土壤中，与环境之间进行着复杂的物质交换和能量流动，在维持生态环境的平衡中起着重要作用。高等水生植物净化养殖用水的特点是以大型植物为主体，植物和根区微生物共生，产生协同效应，经过植物直接吸收、微生物转化、物理吸附和沉降作用除去氮、磷和悬浮颗粒，同时对重金属元素也有去除效果。研究人员已经建立了由伊乐藻、菹草等组成的耐寒型深水、常绿型水生植被等。另外，还可通过筛选突变株或基因工程物种获得更强修复能力的植物品种。

4. 有益微生物种群的繁育

这有助于调整、维护与改善水体及水产动物体内外环境，如光合细菌的应用，在增加水体的溶氧量，吸收、降低水中的氨态氮、硫化氢等有害物质，消除它们对水体的危害而净化水质等方面有着较大作用。

（三）其他卫生管理工作

鳜鱼在池塘中的生活、生长情况是通过水环境的变化来反映的，各种养殖措施也都是通过水环境作用于鱼体的。因此，水环境成了养殖者和鱼类之间的"桥梁"。良好的水环境只是养殖场所的硬件，也还需通过管理，即通过人为地控制和维护，使它符合鱼类生长的需要，才能让环境发挥更好的效能。其卫生管理主要应做好以下工作。

（1）定期对水源、水质、空气等环境指标进行监控检测。

（2）做好池塘清洁卫生工作。经常消除池埂周边杂草，保持良好的池塘环境，随时捞去池内污物、死鱼等，如发现病鱼，应查明原因，采取相应的防范措施，以免病原扩散。

（3）掌握好池水的注排，保持适当的水位，经常巡视环境，合理使用渔业机械，及时做好水质处理和调控。

（4）做好卫生管理记录和统计分析，包括水质管理、病害防治以及所有投入品等情况，及时调整养殖措施，确保生产全过程管理规范。

四、养殖场水质标准和检测

（一）水质标准

养殖鳜鱼的水域水质好坏会直接影响到养殖的成败与否。鳜鱼需要一个能够适合自身生存的水质环境，如果水质环境好，鳜鱼就能健康的生长和发育，并进行正常的繁殖。如果水质环境不好或受到污染，某些水质指标超出鳜鱼的适应和忍耐范围，鳜鱼就会受到影响，轻者生长缓慢，重者很可能造成大批死亡。为此，我们在开展鳜鱼养殖前，要进行水质相关指标的检测，依据《渔业水质标准》（GB 11607—89），选择符合动物生长需求的水体。在养殖的过程中，也要不定期进行水质相关指标的检测，如发现某些指标异常，要及时采取相应的措施进行水质调整，以满足水产养殖动物正常生长发育所需要的水质要求。

（二）水质检测

养殖鳜鱼水体的水质检测一般主要检测水体的温度、pH、溶氧量、氨氮、亚硝酸盐、硫化氢五项指标，如果条件具备可以检测盐分、浊度、电导率等。

部分传统养殖户会依据自身的养殖经验，人为地判断水质的各项指标。如鱼类摄食减少，则很可能是水体的 pH 异常，也有可能是氨氮异常；如鱼类集中于水面，可能是水中缺氧等。但是，这些人为的判断往往是一个粗略的结果，且随着养殖规模的壮大与养殖品种的多样化，单纯依靠人为经验的判断，已根本无法满足需要。

研究所、大专院校、渔业局等单位检测水质的指标采用较多的是实验室化学检测法，比如化学滴定法、分光光度法。使用该方法检测获得的数据准确可靠。但是，化学方法检测的过程比较复杂，需要较长的时间，且一般要求检测人员具备相当的专业技能。但是对于大部分的养殖个体户来说，其专业性太强，所以很少采用该方法进行水质测量。一般只能粗略检测水质或者花钱送水样到相关单位进行水样检测，给日常的生产工作带来不少麻烦。

快速测定试剂盒与便携式水质测定仪的出现，给养殖户带来了新的方法，实现了在塘口进行现场测定，其操作简单、易学、测定快速，成为了许多养殖户日常检测水质的新方法。氨氮试剂盒、硫化氢试剂盒、pH 计、便携式溶氧仪等都可以在市场上购买。

随着现代科技手段的提高，农业物联网工程应运而生，集约化水产养殖远程无线水质自动监测系统开始应用。该系统通过采用水质信息的智能感知、无线传输、智能信息处理、智能控制等物联网技术，实现对水产品养殖的全过程进行自动监控与精细管理。用户可以通过手机、电脑、Pad 等终端实时查看养殖水质环境信息，及时获取水质相关指标的异常预警信息，这样可以根据水质监测结果，实时调整控制设备，实现科学养殖与管理，最终实现节省人力、增产增收的目标。

1. 水温检测结果与调控方法

养殖水体的水温检测一般每日测量 2 次，一般测表层的水温深度在 20~50 厘米之间，也可根据需要测量底层的温度，一般在 1 米左右。在夏季高温季节，如果测量水温的数值超过 35℃，就要适当提高水位，提供一个适宜鳜鱼生长的水体环境。在秋、冬季节，水温会偏低，如果测量的数值在 10℃以下，要根据养殖的实际情况适当降低水位，提高越冬的温度。在夏、秋季节，如发现上层水温高，底层水温低，且温差超过 5℃，就要防止水体形成密度分层，使得上下层不能形成对流，底层形成氧债，遇到阵雨或气温快速下降时，上下水层急剧对流，从而引起全池缺氧，导致鱼类死亡。遇到该状况，要及时开启增氧机或微孔增氧系统，消除水体分层，避免形成氧债。

在夏季雨后和冬季，如果遇到上层水温低，底层水温高，要注意适当加注新水，让养殖的水体上下对流。防止该状况下，养殖池溶氧量不足，因缺氧而发生泛塘。

2. 溶氧量测量结果与调控方法

养殖鳜鱼的塘口，要不定期进行溶氧的检测，一般每日早、晚各测 1 次。尤其在高密度精养或养殖的中后期，更要做好水体的溶氧量测量工作。淡水中溶解氧的饱和含量为 8~10 毫克/升，约只相当于空气含氧量的 1/20 000，水生动物的呼吸条件远逊于陆生动物。在高密度养殖的水体，溶氧量一般较少而且容易受多个方面因素的影响。

溶氧量的测量可使用便携式溶氧仪直接测定，或者采用取水器取水样进行化学实验法分析。每次测量要求定时、定点、固定深度。日常测量溶氧量在3~8毫克/升，说明养殖水体中溶氧量充足，鳜鱼能够健康的生长。此时，要合理地加注新水、打开增氧设备，增加水体的溶氧量。当溶氧量在1毫克/升以下时，水体已缺氧严重，要及时开启增氧设施，及时加注新水，还要全池泼洒化学增氧药物，防止出现死亡，甚至泛塘。

鳜鱼适应低氧能力相对较强，即使离开水体也能够存活一段时间，但要是长期处于低氧或缺氧环境中，生长会减慢甚至停止，抗病力下降。在人工养殖的过程中，尤其是高密度养殖的中后期，更要勤测水体的溶氧量，发现异常要及时调控。常采取的防止缺氧的方法有生物增氧、机械增氧、化学增氧等。培养适量浮游植物，在光照的环境下进行光合作用来增加水体中的氧。适当地投放微生态制剂，及时分解水体中的有机物间接增氧。机械增氧如安装增氧机或微孔增氧设备，科学地使用增氧设备，不但能增加溶氧量，还能使上层高溶氧与下层进行交换，并能搅动池水使下层有害气体等及时排出，改善池塘环境。

3. 氨氮测量结果与调控方法

水中氨氮对水生物起危害作用的主要是分子态氨，对水生生物的危害有急性和慢性之分。慢性氨氮中毒的主要危害是：摄食降低，生长减慢，组织损伤，降低氧在组织间的输送，常导致鳜鱼处于亚健康状态。急性氨氮中毒的主要危害是：鳜鱼亢奋、鳃变白，甚至丧失平衡、抽搐，进而发生死亡。

　　氨氮的测量可使用便携式水质分析仪直接测定，或采用氨氮试剂盒进行快速测定，当然也可采用取水器取水样进行化学实验法分析。目前，在养殖户中使用较多的测量方法是氨氮试剂盒和便携式水质分析仪，可在塘口现场测定。测量的结果在 0.2 毫克/升以下，说明养殖的水体氨氮指标在正常的标准以内，继续保持水质良好状态即可。如果测量值在 0.2~1 毫克/升，说明养殖的水体氨氮偏高，要注意及时的调控，防止饵料系数的上升、鳜鱼免疫力下降以及疾病的发生。常用的调控方法，适当地加注新水，排出部分老水，或使用微生物制剂改良水体环境，或使用适量的二氧化氯进行改良。当测量值在 1 毫克/升以上，说明水体中的氨氮已经严重超标，水质开始恶化，要及时观察鳜鱼的摄食状况，防止发生氨中毒。及时进行水质调控，排出老水，加注新水，开启增氧设施，还要泼洒适量的水质改良剂。当然，养殖户个人或单位也要考虑实际的养殖状况与经验，采取最合适自己的调控方案。

　　氨氮的毒性还与与池水 pH 值及水温有密切关系。在测量氨氮的同时，也要测量水体的 pH、温度。我们所测定的氨含量通常是指总铵量（包括 NH_3 和 NH_4^+）。一般来说，分子态氨占总铵中的比例增加，含量就越多，对水产动物的毒性就越强。一般情况，pH 值及水温愈高，毒性愈强，当 pH 值值在 9.5 以上时毒性较强的分子态氨比例高达 64% 以上，毒性迅速增强。NH₃在水溶总铵的百分比如表2-3所示。

表2-3 NH₃在水溶总铵的百分比

温度(℃)	pH 值								
	6	6.5	7	7.5	8	8.5	9	9.5	10
5	0.013	0.040	0.12	0.39	1.2	3.8	11	28	56
10	0.019	0.059	0.19	0.59	1.8	5.6	16	37	65
15	0.027	0.087	0.27	0.86	2.7	8.0	21	46	73
20	0.040	0.13	0.40	1.2	3.8	11	28	56	80
25	0.057	0.18	0.57	1.8	5.4	15	36	64	85
30	0.080	0.25	0.80	2.5	7.5	20	45	72	89

4. 亚硝酸盐测量结果与调控方法

水体中的亚硝酸盐有毒，它能和水产动物血液中输送氧气的蛋白质结合，从而导致氧气无法运输。在亚硝酸盐的威胁下，鳜鱼常常表现缺氧症状，如食欲下降、无力、鳃丝及体色发黑、甚至缺氧死亡。

使用较多的测量方法是亚硝酸盐试剂盒测定和便携式水质分析仪测定。符合渔业水质标准的水体亚硝酸盐含量应该在0.01毫克/升。如果测量的数值在0.01~0.5毫克/升，说明水体中亚硝酸盐的含量偏高，可能会引起鳜鱼的慢性中毒，摄食力下降，呼吸困难。调控的方法主要是，适当加注新水，打开增氧设施，泼洒适量的水质改良剂（活性炭、沸石粉），或使用微生物制剂改良水质，同时在投喂的饵料中加入适量的维生素C，预防疾病的发生。如测量的数值高于0.5毫克/升，要及时加注适量的新水，全池泼洒水质改良剂，饵料中适当添加维生素C和免疫多糖，减少投喂，密切观察鳜鱼的摄食与活动状况。同时，要加测水体的 pH，如有异常，要适当提高水体的 pH 值，严防止因 pH 值下降造成亚硝酸盐毒性的增强。

氨氮、亚硝酸盐含量过高一直是养鱼过程中碰到的比较棘手的问题。养殖密度过高，长期大量投喂饵料，残留饵料、鱼粪等沉积到池底，是造成氨氮、亚硝酸盐含量超标的主要原因。为此，在养殖的过程中，要控制合理的养殖密度，切勿一味地追求高密度养殖，控制合理的投喂量，及时清除多余的饵料，不使用太多的破碎料，定期使用水质改良剂进行水质调控，对控制氨氮、亚硝酸盐有关键的作用。

5. 硫化氢测量结果与调控方法

水体中的硫化氢是在缺氧的条件下，含硫有机物（残饵、动植物尸体），经细菌的分解而形成。一般在池底的淤泥中最容易产生，或者是在富含硫酸盐的水中，经硫酸盐还原细菌的相关作用，使硫酸盐变成硫化物，再生成硫化氢。硫化物和硫化氢都是有毒的。

硫化氢对鳜鱼有很强的毒性，能够与运输氧气的蛋白质相结合，使运输氧气的活性蛋白质减少，造成鳜鱼缺氧。

测量硫化氢常用的方法与氨氮、亚硝酸盐相似。测量时要做好相应的防护工作。我国渔业水质标准规定硫化氢的最大浓度允许量为 0.002 毫克/升。如果测量的数值在 0.05 ~ 0.1 毫克/升，会对鳜鱼有一定影响，常会出现摄食量下降，呼吸困难，活动减弱，鳃丝发黑，或常常爬上水草。调控的方法是，选择在晴天中午开启增氧设备，加速底质氧化，定期泼洒水质改良剂和底质改良剂。如果测量的数值在 0.1 毫克/升以上，表明水质已经发生恶化，底泥发臭，会造成鳜鱼鳃丝发黑，发生中毒死亡现象。要及时进行换水工作，排掉约 1/3 的老水，加注新水。同时，在水体中使用氧化铁制剂，打开增氧机，增氧曝气。

硫化氢在酸性的环境中大部分是以硫化氢分子的形式存在，pH 值越低毒性越大，当 pH 值为 5 时 99%以分子态硫化氢存在，毒性迅速增强。不同 pH 值时，硫化氢占硫化物总量的百分比如表 2-4 所示。

表 2-4　25℃环境下，不同 pH 值时，硫化氢
占硫化物总量的百分比（A）

水样 pH	A（%）	水样 pH	A（%）	水样 pH	A（%）
5	98	6.8	44	7.7	9.1
5.4	95	6.9	39	7.8	7.3
5.8	89	7	33	7.9	5.9
6	83	7.1	29	8	4.8
6.2	76	7.2	24	8.2	3.1
6.4	67	7.3	20	8.4	2
6.5	61	7.4	17	8.8	0.79
6.6	56	7.5	14	9.2	0.32
6.7	50	7.6	11	9.6	0.13

6. pH 值测量结果与调控方法

水产动物一般多偏喜欢中性或弱碱性水体，即 pH 值为 7~8.5。过酸、过碱的水均会对水产动物造成不良影响。酸性水体可使血液中的 pH 值下降，造成缺氧症状，且摄食量减少，生长缓慢，抗病力降低。pH 值过高的碱性水体可使水产动物组织蛋白质发生样变，破坏鱼类的鳃和皮肤，引发疾病。

鳜鱼喜中性和偏碱性的水体，能在 pH 值为 4~11 的水体中生活，当 pH 值在 6~9 时最适合其生长和繁殖，pH 值过高和过低可能会使环境中有毒物质毒性增大，不利于鳜鱼生长。

pH 常用的测量方法是使用 pH 计进行精确测量，该方法操作简单，且仪器携带方便。生产上也可使用合适的 pH 试纸进行大概的测量。如果测量值在 6~9，说明该水体的 pH 适宜，符合鳜鱼的正常生长与发育。当测量的值大于 9 时，水体的碱度偏高，鳜鱼的鳃丝容易腐烂，引发疾病的可能性增加，且鳜鱼会变得烦躁不安。当 pH 值过高时可以泼洒适量的醋酸、柠檬酸等酸性物质或者投放乳酸菌型的微生态制剂进行水质调整。当测量值小于 6，水体呈酸性，鳜鱼易产生酸中毒，体色明显发白，变得烦躁不安。当 pH 值过低时可以泼洒一定量的生石灰来调水。

水体 pH 值也决定了氨氮、亚硝酸盐和硫化氢等有害物质的毒性强弱。pH 会影响水中浮游动、植物和微生物的生活状态，从而影响环境中生物的种类组成。pH 值过高和过低都对养殖的鳜鱼不利，要注意保持 pH 值稳定在 7~8.5。在水质管理中可以通过建立良好的菌相和藻相来使 pH 稳定在鳜鱼最适宜的范围内。当 pH 值长时间明显偏离最佳范围时要通过一些调节方法来调整 pH 值。对 pH 的管理管理和其他指标一样要勤检查，及时发现早作处理。

7. 透明度测量结果与调控方法

养殖水体的透明度表示光线透入池塘池水深浅的程度，反映了池塘的肥度，水体有一定的肥度，对于整个养殖水体的稳定，养殖动物的健康成长和病害防治有着积极的作用。

养殖水体的透明度可用黑白透明板测量。在生产实际中广泛采用的方法是：将手掌弯曲，手臂伸直放入水中，当水浸到肘关节时，若能清晰看到五指，则为瘦水；若完全看不到五指，则为过肥水；若能够模糊地看到五指，一般认为该水是适合水产动物生长的肥水。若采用黑白透明板进行测量时，透明度大于40厘米，表明水体太瘦，生物饵料量少，养殖饵料系数大。此时，要适当的追肥，增加水体中的营养元素，培育相应的天然饵料。若透明度测量值在20厘米以下，表明水体太肥，有机物过多。有机物被细菌分解成无机物，该过程会消耗大量溶解氧，与养殖的鳜鱼争夺水体中的溶解氧。尤其是夜间和阴雨天更加明显，可能造成池塘缺氧，引起浮头。下沉到底部的有机物分解耗氧，形成缺氧环境，分解过程中还会释放大量有害产物，不利于鳜鱼的健康生长。当池底有机物在池水相对缺氧时被搅起后还容易造成泛塘。此时要加注适量的新水，及时泼洒石灰水、沸石粉等一些絮凝剂使有机物絮凝沉降，降低有机物含量，同时要注意改善池底环境，避免有机物迅速氧化造成缺氧。

在养殖的过程中要建立好良好的藻相和菌相，控制好水质指标，根据鳜鱼的生活特性，为其提供良好的生活环境，控制合理的透明度，不仅能显著减少疾病的发生，而且能降低饵料系数，提高生长率，降低养殖成本。

五、微生态制剂的使用

微生态制剂在水产养殖业中已广泛应用，养殖过程中可按实际的养殖情况使用。市场上微生态制剂商品名称繁多，按菌种不同大致可分为四大类，一是乳酸菌类，二是酵母菌类，三是芽孢杆菌类，四是光合细菌。

微生态制剂根据用途可分为养殖环境调节剂、控制病原的微生态控制剂以及提高动物抗病力、增进健康的饲料添加剂等三类。预防动物常见疾病主要选用乳酸菌、片球菌、双歧杆菌等产乳酸类的细菌；促进动物快速生长、提高饲料效率则可选用以芽孢杆菌、乳酸杆菌、酵母菌和霉菌等制成的微生态制剂；若以改善养殖环境为主要目的，应从光合细菌、硝化细菌以及芽孢杆菌为主的微生态制剂中选择。

微生态制剂在水产养殖中的作用主要体现在营养特性、免疫特性和改善生态环境三个方面。首先，许多的微生态制剂其菌体本身就含有大量的营养物质，并在其生长代谢过程中产生各种有机酸，合成多种维生素等营养物质，促进鳜鱼生长。同时，能激发机体免疫功能，增强机体免疫力和抗病力。此外，有益微生物能够通过拮抗作用或分泌胞外产物抑制病原菌的生长，还可以降解和转化有机物，分解残留饵料、动植物残体，减少或消除氨氮、硫化氢、亚硝酸盐等有害物质，改善养殖水质。

微生态制剂的使用，除了能维持良好的生态水环境，竞争性排斥病原菌，维护水中微生物菌群的生态平衡，避免鳜鱼遭受致病菌的侵袭而发病，还含有或可产生抗菌物质和多种免疫促进因子，活化机体的免疫系统，强化机体的应激反应，增强抵抗疾病的能力，有效提高鳜鱼养殖的成活率和生长速度。

值得注意的是，通常来说，目前所使用的微生态制剂在机体的肠道不具有定植性，因此在微生态制剂的使用上需要间隔持续使用。此外，微生态制剂在鳜鱼养殖生产上可以常年使用，既可以在苗种培育阶段使用，也可以在鳜鱼养殖阶段使用，且夏季使用效果更好。在养殖的不同阶段对微生态制剂的选择也有一定的偏好性。在苗种培育阶段，可以选择以提高机体免疫力为主的乳酸菌类制剂，而在成鱼养殖阶段，微生态制剂的选择以促进生长以及改善养殖水体环境为主。

下面主要介绍生物肥料、光合细菌、EM复合生态制剂在鳜鱼养殖中的应用。

（一）生物肥料

生物肥料是一种新型的含有益微生物的高效复合肥料。一般由有机和无机营养物质、微量元素、有益菌群和生物素、肥料增效剂等复合组成。水产养殖专用的生物肥料，既能培肥水体，促进鱼、虾、蟹、蚌饵料生物的大量繁殖生长，又能改善水质，减少病害，有效避免泛塘，促进鱼、虾、蟹、蚌迅速生长。

鳜鱼养殖应用生物肥料具有以下四大优点。

1. 来肥迅速、肥效持久

一般在晴天上午使用，第二天即会产生水色变化，正常情况下肥效可持续10天左右。

2. 调节水质，改善底质

肥料中有益微生物的作用，可降低水体中的悬浮物，降解氨氮、硫化氢、亚硝酸盐等，对调节水质、改善底质也有很好的作用。同时，生物肥料中所含的微量元素能够供水生生物直接利用。

3. 增加溶解氧，减少浮头和泛塘

除水质调节能提高水体的溶解氧外，生物肥料中的生物素可提高藻类的新陈代谢，增强光合作用效率，合成较多的有机物和产生氧气，有效地避免缺氧现象。

4. 提高免疫能力，预防疾病

（二）光合细菌

光合细菌是一种能以光作为能源并以二氧化碳或小分子有机物作为碳源、以硫化氢等作为供氢体，行完全自养性或光能异养性生长但不产氧的一类微生物的总称。广泛分布于淡水、海水、极地或温泉的生态环境中。

光合细菌营养丰富，菌体富含蛋白质、必需氨基酸以及各种 B 族维生素、辅酶 Q、叶酸、生物素，此外还含有丰富的类胡萝卜素，是一种营养价值高且营养成分较全的优质饵料，具有明显的增产效果。

光合细菌在净化水质、改善和稳定养殖环境、提高水产养殖动物成活率及产量、防治疾病等方面有着重要的作用。光合细菌能够有效地将引起池塘污染的氨态氮、亚硝酸盐、硫化氢等有害物质吸收、分解、转化，组成菌体本身，从而提高水体中溶解氧含量，调节 pH，抑制其他病原菌的生长，并降低水体中氨氮、亚硝酸态氮、硝酸态氮的含量，有益于微藻、微型生物数量的增加，使水体得到净化，从而达到生物净化水质的目的。

（三）EM复合生态制剂

有效微生物（Effective Microorgan，EM），是由光合菌群、乳酸菌群、酵母菌群、革兰氏阳性放线菌群、发酵系的丝状菌群等80多种微生物复合培养而成的多功能菌群。其用途广泛，既可作为环境修复和防病制剂，大面积在水体中使用，也可以作为饵料添加剂使用。

应用EM既能够改善水质，还能增强养殖生物的抗病力、提高成活率。EM扩散到养殖水体中，可以很好地分解残余饵料、养殖对象的排泄物以及动植物尸体等，使之转化为二氧化碳或甲烷同时用于生长和繁殖。通过固氮、光合、硝化反硝化等作用有效地将氨氮、硫化氢等有害物质合成自身物质，去除臭味，提高水体透明度等，达到净水功效。另外，分解产生的小分子无机物可以促进浮游植物、水生植物等的光合作用或抑制一些有害微生物的好氧分解活动从而间接地起到增加水中溶解氧的作用。

EM可以增强养殖生物的抗病力、提高成活率。一方面，EM在生长过程中可以合成提高免疫力的生理活性物质（如乳酸杆菌等），从而提高养殖生物抗体水平或巨噬细胞的活性，刺激免疫系统增强。另一方面，EM本身为有益微生物群体，其形成优势种群后，快速繁殖，通过竞争机制或产生具有抑菌、杀菌作用的抗生素，抑制有害菌的生长，减少发病率，提高成活率。

鳜鱼养殖过程使用微生态制剂要注意以下几点。

（1）投入池塘中的制剂经过一段时间会自然消亡，因此在养殖过程中要定期使用，一般10天左右使用1次，使用前后最好进行活化培养。

（2）使用后3~5天内不要大量换水，以避免这些菌种随换水而损失。

（3）一般在晴天中午使用效果最好。

（4）如果池塘中使用了消毒杀菌的药物，要等到药效消失后方可使用微生态制剂。

（5）微生态制剂不能替代药物治病，只能起到净化水质、改善水体生态环境、促进生长、提高机体免疫力的效果。

（6）不要与抗菌药物同时使用，防止其对微生态制剂效果的影响。

六、养殖场设施准备

（一）进、排水系统

1. 进水系统

池塘的进水一般分为两种类型，另一种是间接进水。通过水位差或用水泵直接向池塘内加水的进水方式称为直接进水，一般适合在池塘接近水源且水源条件较好的情况。采用这种方式进水，要在进水口设置相应的拦网设施，防止敌害生物的进入。另一种是间接进水，采用水泵将水引入蓄水池，经过蓄水池的沉淀、过滤、曝气、增氧或消毒后再进入池塘。

采用这种方式进水的水质相对较好，溶氧量充足，野杂鱼以及其他有害生物基本除净，且病原大大减少。因此，这种进水方式特别适用于鱼苗孵化池、鱼苗培育池和产卵池。

（1）水泵。生产上常用的水泵有潜水泵、离心泵和混流水泵三种类型。潜水泵的体积小，重量轻，安装搬动方便，加上该种水泵的机型较多，是目前生产上最为常用的。离心泵的水泵扬程高，一般达 10 米以上，而混流泵扬程一般在 5 米以内，但相同功率出水量比离心泵大。相对于潜水泵来说，离心泵和混流泵的安装和搬运较困难，通常要将其固定在一定的位置。当然，养殖户在选择时要根据实际的情况选择最合适的水泵。

（2）蓄水池。蓄水池常用石块、砖或混凝土砌成，呈长方形、多角形或圆形，容积要根据生产需要确定。目前大多采用二级蓄水，前一级主要是沉淀泥沙与清除较大的杂物，对大型浮游生物以及野杂鱼类等进行粗过滤，过滤用筛绢网目为 20 目左右。二级蓄水池主要是增氧和对小型浮游动物进行再过滤，过滤网目一般为 40 目左右。

池塘的进水渠分明沟和暗管两种类型。明沟多采用水泥槽、水泥管，也可采用水泥板或石板护坡结构。暗管多采用 PVC 管或水泥管。

2. 排水系统

池塘排水是池塘清整、池水交换和收获捕捞等过程中必须进行的工作。如果池塘所在地势较高，可以在池底最深处设排水口，将池水经过排水管进入排水沟进而直接排入外河。排水管通常采用 PVC 管和水泥管。排水口要用网片扎紧，以防鱼类逃逸。排水管通入排水沟，排水沟一般为梯形或方形，沟宽为1~2米。排水沟底应低于池塘底部。如池塘地势较低，没有自流排水能力，生产上可用潜水泵进行排水。

（二）增氧系统

1. 增氧机

养殖时，如果鳜鱼的放养密度较大、产量高，在生产上有时会因天气等原因很容易出现水体缺氧，导致饵料利用率低，严重时甚至出现死亡。为了防止池塘缺氧，进行池塘水质的改良，高密度养殖的池塘须配备增氧机。

常见的增氧机有叶轮式、喷水式、水车式等多种类型。不同类型的增氧机，其增氧能力和负荷面积往往不同。养殖户在选择增氧机时，要参考设备的相关参数，安装匹配的增氧机。增氧能力和负荷面积可参照表2-5的有关参数进行选用。

表2-5 叶轮式增氧机的增氧能力与负荷面积

型号	电机功率（千瓦）	增氧能力（千克/小时）	负荷面积（亩）
ZY3G	3	≥4.5	7~12
ZY1.5G	1.5	≥2.3	4~7
ZYO.75G	0.75	≥1.2	0.5~3
YL-3.0	3	≥4.5	7~12
YL-2.2	2.2	≥3.4	4~9
YL-1.5	1.5	≥2.3	4~6

2. 微孔增氧系统

微孔管增氧技术，是采用罗茨鼓风机将空气送入输气管道，输气管道再将空气送入微孔曝气管。具有增氧效率高、提高放养密度、降低能耗、使用安全和操作方便等优点。因微孔曝气管的孔径小，可产生大量的微细化气泡从管壁冒出，再分散到水体中。气泡在水中移动行程长，上升的速度缓慢，与水体充分接触，气液相间氧分子交换充分，而且还增加了水流的旋转和上下流动。水流的上下流动将上层富含氧气的水带入底层，同时水流的旋转流动将微孔管周围富含氧气的水向外扩散，实现养殖池水的均匀增氧（图2-2之A）。近年来，在我国大部分水产养殖区域都开始应用微孔增氧机，实际的养殖效果显示，采用底部微孔增氧机的增氧效果会优于传统的叶轮式增氧机和水车式增氧机，养殖鱼、虾、蟹的养殖户可以根据实际的养殖状况安装并使用。

（1）主要结构。微孔增氧设施主要有主机（电动机、罗茨鼓风机、储气缓冲装置）、主管（PVC 塑料管）、支管（PVC 塑料或橡胶软管）、微孔曝气管（新型高分子材料制成）等组成。

（2）安装方法。主机连接储气缓冲装置、储气缓冲装置连接主管、主管连接支管、支管（橡胶软管）连接曝气管。常见的盘式安装法（图2-2之B），将微孔曝气管固定在用直径为4~6毫米的钢筋盘框上，一般曝气管盘的总长度在15~20米，每亩（1亩≈667平方米。全书同）安装3~4只，需固定，距池底10~20厘米。

（3）使用方法。根据水体溶氧变化的规律，科学地确定

图 2-2　微孔曝气效果及盘式安装法

开机增氧的时间和时段。一般来说，4—5 月的时候，遇到连续的阴雨天，一般半夜开机。6—10 月的时候，一般选择在日出前后开机 2~3 小时，或下午开机 2~3 小时，如果遇到连续的阴雨或低压天气，一般在夜间就要开机，持续到第二天中午。在养殖的后期，要勤开机，这样有利于促进水产养殖对象的生长。有条件的要不定期进行溶氧量检测，适时开机，以保证水体溶氧量在 3 毫克/升以上。

　　（4）注意事项。安装需要注意以下事项：主机在安装时，要考虑到通风、散热、遮阳及防淋。曝气管（盘）的安装，要保持在同一水平面，这样利于供气增氧的均衡。在微孔增氧设备安装后，要定期检查设备，做好相应的记录。在养殖过程中应经常开机使用，切勿长期闲置，以防微孔因长时间未使用而堵塞。一般在一个养殖周期结束后，应及时清洗、检修。

　　3. 增氧系统的使用

　　增氧机的使用应遵循"三开两不开"以及"炎热天长时间开，凉爽天短时间开"的原则。晴天中午开增氧机可以把上层浮游植物产生的过饱和氧搅入底层，促使底层有机物分解，防止清晨浮头现象；阴天次日清晨开增氧机可以缓解由于白天光照弱，浮游植物产氧少，池水溶解氧含量不高的情况。此时开增氧机可以充分发挥增氧机的曝气和增氧功能，避免池水出现溶氧低峰值；连绵阴雨半夜开增氧机。由于长时间阴雨天，浮游植物的光合作用持续走低，耗氧量大，养殖鱼类往往半夜就会开始浮头，因此半夜开机能及时缓解浮头现象。此外，开机时间的长短还与放养密度、气候等有关。比如风小开机时间长，风大开机时间短，池水较肥开机时间长，池水施肥少，开机时间短。应根据池塘实际情况灵活调整。

第三章　无公害饲料的选择

　　鳜鱼性凶猛，终生以其他鱼、虾为饵，饵料鱼种类及亲本较多，食性各有不同，对营养的需要也不相同。但无论何种鱼类在其生命的全过程都需要营养物质。这些营养物质来源于饲料，饲料是水产养殖业的重要物质基础。饲料的多寡和质量的好坏直接影响鳜鱼养殖的效果和商品的质量。饲料的投喂技术决定了饵料鱼的养殖效果。

　　在鳜鱼高效生态养殖过程中，要求使用的无公害饲料主要包括无公害饵料鱼和饵料鱼及亲鱼饲料。

一、无公害饵料鱼的种类

　　鳜鱼苗孵出后开食就以其他鱼类的鱼苗为食，饵料鱼品种很多，生产中以四大家鱼、鲫鱼、团头鲂、鲴鱼、鲤鱼、细鳞斜颌鲴、鲮鱼、罗非鱼为常用品种，麦穗鱼、鳑鲏、虾虎鱼等野杂鱼也都是鳜鱼的好饵料。

（一）团头鲂

　　属鲤形目、鲤科、鳊亚科。能在淡水和含盐量5%左右的水中正常生长，耗氧率较高，与鲢相似。在池塘混养条件下，如遇池水缺氧，为首先浮头的鱼类之一。其生殖季节稍迟于鲤、鲫鱼，与鳜鱼生殖季节基本相近，产卵适宜水温20~28℃，2~3龄成熟，体重700~1 400克的亲鱼怀卵量为6.4万~24.3万粒。团头鲂卵粒细小，受精卵吸水后卵径一般为1.3毫米。刚孵出的仔鱼细小、嫩弱，长3.5~4毫米。根据这一特点，选择团头鲂鱼苗作为鳜鱼苗的开口饵料，其适口性好，也是提高鳜鱼苗成活率的关键。

（二）鲫鱼

属鲤形目、鲤科、鲤亚科。为温水性鱼类，分布很广。喜在水的底层活动，对环境的适应能力很强，在我国西北、东北地区盐碱性较重的湖泊中都能正常生长发育，水温0.5~38℃均能生存。鲫对低氧的适应能力很强，溶氧量在2毫克/升以上便能正常生长，低至1毫克/升呼吸受到抑制，窒息致死的氧阀值为0.1毫克/升。为多次产卵鱼类，产卵温度为20~25℃，在自然条件下，一天内产卵的最旺盛时间是上午夜至黎明，如果在养殖条件下，各项条件适宜，常全天产卵，卵粘性。体重150~250克的雌鲫怀卵量为5万~10万粒，体重500~1 000克的雌鲫怀卵量为20万~30万粒，繁殖能力强。种苗阶段生长速度较快，对养殖条件要求不高，养殖成本较四大家鱼低，是作为鳜鱼饵料的优选品种之一。

（三）罗非鱼

属鲈形目、丽鱼科、罗非鱼属。广泛分布于整个非洲大陆的淡水和沿海的咸淡水水域中，是非洲淡水和咸水水域中的经济鱼类。具有生长快、养殖周期短、食性广、饵料要求低、病害少、对环境的适应性较强、群体繁殖力强、苗种容易解决等优点，因此把它作为鳜鱼的饵料鱼效果良好。

罗非鱼属暖水性鱼类，在水温 16~40℃ 的水中均能生存，繁殖的最适温度为 24~32℃，当水温下降至 12℃ 就会逐渐死亡，因此越冬保种是其养殖的关键技术。罗非鱼孵出后约 40 天，体重可达 15~25 克，3 个月达 60~80 克，单养每亩产量可达 1 000 千克以上。作为配套饵料鱼池比例一般为 3：1，如果主养池在鳜鱼种放养前培育部分饵料鱼，则配套面积还可减少。

（四）露斯塔野鲮

属鲤形目、鲤科、野鲮属，是南亚地区最优良鱼类之一。其营养丰富、生长快、食性杂、产量高、繁殖力强。1978 年从泰国引进，1981 年在我国首次人工繁殖成功，并逐步完善该鱼的亲鱼培育、人工繁殖、培苗和一年三熟等技术，获得平均每千克亲鱼得苗 15 万~20 万尾的较高记录。

露斯塔野鲮是以植物性有机碎屑为主的杂食性鱼类，性贪，食量较大，幼鱼阶段以摄食浮游动物为主，随着鱼体的生长，逐渐转为植物性食物为主，体长 6 厘米以上的个体食性与成鱼相似。在人工饲养条件下，较喜食玉米粉、花生饼、豆饼、麦麸、米糠等植物性饲料以及配合饲料等。每千克养殖成本为 2~3 元，广东大部分地区用作鳜鱼饵料，以降低投入成本，提高养殖效益，近年来长江流域也已开始引进养殖。

（五）野杂鱼

在江河、湖泊、水库、池塘等水域中生活的各种小型野杂鱼（包括养殖鱼类）和虾类，鳜鱼均能食用。

（六）驯食饵料

各种新鲜死野杂鱼、冰鲜鱼或鱼块，只要适口性好、无污染、不携带病原体，均可作为驯食饵料。

二、饵料鱼及亲本饲料的种类

饵料鱼及亲本饲料品种丰富，主要有浮游生物、植物性饲料、动物性饲料及配合饲料等。

（一）浮游生物饵料

浮游生物是漂浮于水中的生物，体型一般很小，绝大部分肉眼不易看见，只有在显微镜下才能看清楚，任何水域中都有存在。浮游生物饵料分为浮游动物和浮游植物饵料。常见的浮游动物饵料有轮虫、卤虫、桡足类、枝角类。而浮游植物主要指一些微藻，如蓝藻、绿藻、硅藻等。浮游生物在池塘中的种类和数量受施肥影响。浮游生物是鲢、鳙、鲮等鱼苗的主要饵料。鱼苗在幼苗时期大都以浮游生物，特别是浮游动物为食。

（二）植物性饲料

　　包括子实类饲料、饼粕饲料、糠麸类饲料及青绿饲料等。然而，单一的植物性饲料通常不能满足鱼类的营养需求，尤其是对于肉食性鱼类，它们对于饲料中蛋白质、脂肪、氨基酸、矿物元素都有较高的要求。此外，植物性饲料往往含有抗营养因子，如大豆抗原因子、棉酚、植酸等，影响机体健康。因此，在饵料鱼尤其是亲本饲料的选择过程中应多方考虑。

（三）动物性饲料

　　包括鱼粉、肉粉、骨粉、蚕蛹、微生物饲料（细菌、酵母）等。以上饲料均可直接投喂，也是人工配合饲料生产的主要原料。在鱼苗的开口阶段，由于苗种口径较小，蛋黄和豆浆是较为常见的营养来源。此后，可逐步过渡到轮虫、枝角类等稍大型的生物饵料。而对生物饵料的强化培育是提高饵料鱼鱼苗存活率的有效途径。另一方面，由于动物性饲料对水环境的污染较为严重，易造成疾病的发生。因此，在实际生产过程中，应尽量避免使用过多的动物性饲料。

（四）配合饲斜

　　配合饲料是根据饲养对象营养需要设计配方，由多种原料和一定的添加物经过混合和机械加工处理而制成的。在鳜鱼高效生态养殖过程中，人工配合饲料主要用于饵料鱼亲本养殖过程中，并根据各种不同生长阶段的营养需要配制，其所含的营养成分比较全面，能够满足各亲本不同性腺发育阶段对营养的需要，提高亲本的催产率。配合饲料的使用，有利于鳜鱼养殖向规模化方向发展。

三、饲料的安全要求

鳜鱼高效生态养殖的前提是饵料鱼必须是无公害的，其来源有两个方面，一是生产单位自繁自育，二是外来购进。但无论来源渠道如何，其安全性必须符合鳜鱼高效生态养殖的要求。其一，饵料鱼不得携带病原体（寄生虫、致病菌、病毒等）；其二，无有害、有毒物质残留。外购饵料鱼的产地环境必须无污染，自育饵料鱼所用饲料应对饵料鱼无毒无害，不对水环境造成污染，并且以之养出的商品鳜对人类的健康无危害。配合饲料是由各种原料和添加剂组成。各种原料在生长和收获过程中有可能受到有毒有害物质的污染，所以加工饵料鱼及亲鱼饲料所选用的原料应符合各类原料标准的规定，不得使用受潮、霉变、生虫及受到农药、石油、有害金属等污染的原料。大豆原料需经过破坏蛋白酶抑制因子的处理，动物性下脚料应经过脱毒、消毒处理。鱼粉的质量应符合中华人民共和国行业标准《鱼料》（SC/T 3501—1996）的规定；鱼油质量应符合《鱼油》（SC/T 3502—2016）中二级精制鱼油的要求；使用的饲料、添加剂应符合《饲料卫生标准》（GB 13078—2001）的规定。配合饲料的安全指标限量应符合《无公害食品　渔用配合饲料安全限量》（NY 5072—2002）的要求。不得在饲料中添加国家禁止使用的药物或添加剂等，而造成对养殖对象的危害，如乙烯雌酚、喹乙醇等。因此，饵料鱼及亲本用配合饲料不仅营养指标和加工质量均需符合要求，其安全指标也应符合无公害水产品生产要求。否则，将会影响商品鳜的质量，并有害于人类健康。渔用饲料、添加剂安全卫生要求如表 3-1 所示，渔用配合饲料安全指标限量如表 3-2 所示。在养殖过程中所用的其他饲料也应符合该要求。

表 3-1　渔用饲料、添加剂安全卫生要求

序号	卫生指标项目	产品名称	指标	检验方法
1	砷（以总砷计）的允许量（毫克/千克）	石粉	≤2.0	BG/T 13079
		硫酸亚铁、硫酸镁磷酸盐	≤20.0	
		沸石粉、膨润土、麦饭石	≤10.0	
		硫酸铜、硫酸锰、硫酸锌	≤5.0	
		碘化钾、碘化钙、氯化钴	≤5.0	
	铅（以 Pb 计）的允许量（毫克/千克）	氧化锌	≤10.0	
2	氟（以 F 计）的允许量（毫克/千克）	鱼粉、肉粉、骨粉肉	≤10.0	
		骨粉、肉骨粉、鱼粉、石粉	≤10	GB/T 13080

（续表）

序号	卫生指标项目	产品名称	指标	检验方法
3	霉菌的允许量（每千克产品中）霉菌总数×10^3个	磷酸盐	≤30	
		鱼粉	≤500	
		石粉	≤2 000	GB/T 13083
4	黄曲霉毒素 B_1 的允许量（微克/千克）	磷酸盐	≤1 800	HG 2632
	铬（以 Cr 计）的允许量（毫克/千克）	骨粉、肉骨粉	≤1 800	GB/T 13083
	镉（以 Cd 计）的允许量（毫克千克）	玉米		
	汞（以 Hg 计）的允许量（毫克/千克）	小麦麸、米糠	<40	GB/T 13092
		豆饼（粕）、棉籽饼（粕）	<50	
5	氰（以 HCN 计）化物的允许量（毫克/千克）	菜籽饼粕		
	亚硝酸盐（以 $NaNO_2$ 计）的允许量（毫克/千克）	鱼粉、肉骨粉	<20	
	游离棉酚的允许量（毫克/千克）	玉米		
		花生饼（粕）、棉籽饼（粕）	≤50	GB/T 17480 或 GB/T 8381
	异硫氰酸酯（以丙稀基异硫氰酸酯计）的允许量	菜籽饼（粕）		
6	六六六的允许量（毫克/千克）	豆粕	≤30	
	滴滴涕的允许量（毫克/千克）			GB/T 13088
	沙门氏杆菌	皮革蛋白粉	≤200	

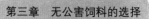

（续表）

序号	卫生指标项目	产品名称	指标	检验方法
7	细菌总数的允许量（每千克产品中）细菌总数 $*10^6$ 个	米糠	≤ 1.0	
8				GB/T 13082
		鱼粉	≤ 2.0	
		石粉	≤ 0.75	
9		鱼粉	≤ 0.5	GB/T 13081
		石粉	≤ 0.1	
		木薯干	≤ 100	GB/T 13084
10		胡麻饼、粕	≤ 350	
				GB/T 13085
11		鱼粉	≤ 60	
				GB/T 13086
12		棉籽饼、粕	$\leq 1\ 200$	
				GB/T 13087
13		菜籽饼、粕	$\leq 4\ 000$	
		米糠、小麦麸、大豆饼粕		GB/T 13090
		鱼粉	≤ 0.05	
14		米糠、小麦麸、大豆饼粕		GB/T 13090
		鱼粉	≤ 0.02	
15		饲料		GB/T 13091
			不得检出	
16		鱼粉	≤ 2	GB/T 13093

表3-2 渔用配合饲料的安全指标限量（NY 5072—2002）

序号	卫生指标项目	产品名称	指标	检验方法
1	铅（以 Pb 计）（毫克/千克）	各类渔用配合饲料	≤5.0	GB/T 13080
	汞（以 Hg 计）（毫克/千克）			
2	无机砷（以 As 计）（毫克/千克）	各类渔用配合饲料	≤0.5	GB/T 13081
	镉（以 Cd 计）（毫克/千克）			
3		各类渔用配合饲料	≤3	GB/T 5009.45
	铬（以 Cr 计）（毫克/千克）			
4	氟（以 F 计）（毫克/千克）	海水鱼类、虾类配合饲料	≤3	GB/T 13082
	氰化物（毫克/千克）	其他渔用配合饲料		
		各类渔用配合饲料	≤0.5	
5			≤10	GB/T 13083
	游离棉酚（毫克/千克）	各类渔用配合饲料		
6		各类渔用配合饲料	≤350	GB/T 13084
7	多氯联苯（毫克/千克）	温水杂食性鱼类、虾类配合饲料	≤50	
	异硫氰酸酯（毫克/千克）	冷水性鱼类海水鱼类配合饲料	≤300	
	噁唑烷硫酮（毫克/千克）	各类渔用配合饲料		GB/T 13086
8		各类渔用配合饲料	≤150	
	油脂酸钾（KOH）（毫克/千克）	各类渔用配合饲料		

（续表）

序号	卫生指标项目	产品名称	指标	检验方法
9	黄曲霉素（毫克/千克）	渔用育苗配合饲料	≤0.3	GB/T 9675
10		渔用育成配合饲料	≤500	GB/T 13087
11	六六六（毫克/千克）	鳗鲡育成配合饲料	≤500	GB/T 13089
	滴滴涕（毫克/千克）		≤2	
12	沙门氏菌（cfu/25克）	各类渔用配合饲料	≤6	SC/T 3501
		各类渔用配合饲料	≤3	
13	霉菌（cfu/克）	各类渔用配合饲料		GB/T 8381 或
		各类渔用配合饲料	≤0.01	GB/T 17480
14			≤0.3	GB/T 13090
15		各类渔用配合饲料	≤0.2	GB/T 13090
16			不得检出	GB/T 13091
			$\leq 3 \times 10^4$	
17				GB/T 13092

四、饵料鱼饲料投喂技术

　　饲料投喂技术是饵料鱼培育中重要的技术之一，投喂不合理，即使饲料好，也得不到应有的养殖效果。饲料在水中容易溶失，水生动物的摄食状况不易看见，给准确投喂带来一定困难。在养殖过程中饲料投多或投少都会直接影响养殖的成本。

（一）日投喂量

　　饵料鱼的日投喂量是否适宜，直接关系到能否提高饲料效率和降低饲养成本。投喂量不足时，鱼常处于半饥饿状态而不增重，若摄入的营养不能维持机体正常代谢需要，还会减重，这样会造成饲料的浪费而增加成本；投喂量不足还会引起鱼群激烈抢食，导致收获时饵料鱼的个体大小差异大。投喂过量时，不但饲料利用率降低，而且污染水质，严重时会引起鱼生病甚至泛塘。鱼的日投喂量以投喂率表示，即以摄食鱼总体重的百分比（％）表示。不同饲料、不同鱼类、不同生长阶段、不同水温条件下，日投喂率是不同的。在鱼苗和鱼种培育阶段，正常生长时每千克体重每日营养需要为：蛋白质 11.4 克，脂肪 2.1 克，糖类 10.4 克，能量 445.6 千焦。配合饲料在含粗蛋白质 32.9％，粗脂肪 6％，糖类 30％情况下，饵料鱼每日 3.5％ 的投喂率可满足正常生长需要。草食性鱼类如草鱼，在鱼苗和鱼种阶段的营养（如蛋白质）日需量，与上述基本相同。饵料鱼培育的目的主要是要求其生长速度快，个体均匀，如果鱼种配合饲料的粗蛋白质含量在 30％ 以上，在适宜生长水温，每日 3％~5％ 的投喂率是适宜的。罗非鱼每千克体重日需蛋白质 8.75 克，若其饲料中粗蛋白质含量在 30％ 左右，每日 3％ 的投喂率可以满足需要。

　　在考虑鱼的适宜投喂量时，既要考虑其营养需要，也要考虑其饱食量（一次投喂使鱼吃饱时的食量）的满足。如果鱼投喂摄食的营养量足够，而达不到饱感，仍然感到饥饿而不停觅食，则消耗体能，影响生长。不同鱼类的饱食量有差异，大概为鱼体重的 10%~20%。按该饱食量计算，配合饲料以 3% 的投喂率，每日分 2~3 次投喂，可使鱼得到饱食感。因为配合饲料是干的（含水分 10% 左右），鱼摄食后消化道要吸收大量水分使饲料成为糊状。一般摄入鱼体重 1% 的配合饲料，在消化道内形成糊状后，重量可达鱼体重的 10%。此外，饱食量也因鱼的大小、水温、水质和饲料种类不同而有所不同。所以鱼的日投喂量亦应根据其大小、水温、水质和饲料种类不同而不同。鱼苗和鱼种阶段，代谢强、生长快、肠道容量大，故投喂量大些，日投喂配合饲料量为鱼体重的 4%~6%。

饵料鱼经投喂饲养后，个体增长加快，每隔 1 周要调整 1 次投喂量，应根据鱼的体重增加而增加。

（二）日投喂次数

日投喂量确定以后，投喂次数就关系到能否提高饲料效率和加速鱼的生长。日投喂次数多而量少，每次鱼的饱食量不足，又费时费力；投喂次数少而量多，饲料摄食不完，会造成浪费。不同种类、不同生长阶段以及不同水温情况下，日投喂次数也不同。投喂次数与饵料鱼的大小有着相反的关系，鱼苗阶段每天投喂次数要多些，随着鱼体增大，投喂次数相应减少。不同养殖方式，日投喂量和次数也不相同，如池塘饲养鲢、草、鲮鱼等，鱼种培育阶段日投喂 3~4 次。

（三）投喂方法

饵料鱼类养殖是在池塘水体中进行的，投喂方法掌握不好，容易造成饲料浪费。在饲料投喂时，应尽快让鱼吃到。饲料投喂方法主要有 2 种，即人工手撒投喂和自动投饵机投喂。投饵机定时、定量有规律地投喂，优点是投喂均匀，饲料浪费少，可以节省劳动力，其效果优于人工投喂。以人工手撒投喂时，应尽量做到一把一把地将饲料投到水中，切勿把饲料一下倒进水中，饲料在水中停留时间较长容易溶失，饲料利用率低，而且污染水质。每次投喂时间应控制在 30 分钟左右，让 95% 以上的鱼吃饱即可。投喂时应注意的事项如下。

1. "四定" 投喂　即定时、定位、定质、定量

鱼群一经投喂驯化会形成习惯，按时到投喂点觅食。所以，饲养的鱼在适宜生长时期，要每天在一定的时间和地点投喂，以便鱼群集中摄食。如果投喂不按时，位置不固定，会影响鱼群集中摄食，也会造成投喂的饲料溶失。在正常情况下，池塘养殖的饵料鱼在每天上午 9—10 时、下午 4—5 时各投喂 1 次。投喂的位置可设在较安静、平坦的地方或搭设饵料台。投喂地点的数量和大小应充分考虑能否使所有的鱼都吃到饲料。每次投喂要使之适度饱食。

投喂时还应注意选择适宜营养含量的饲料。适宜营养含量随鱼个体大小、年龄和平均水温的变化而变动。尽管在温度较低时鱼的生长缓慢或不生长，但为了保持其机体代谢活

动的需要还须投喂。所以，需要有各种营养水平的配合饲料以供投喂。在水温较高时，投喂的饲料蛋白质含量相应高些；在水温较低时（非适宜生长水温），投喂的饲料营养水平可低些，以控制饲养成本。

2. 不投喂发霉变质的饲料

饲料发霉变质后营养成分会受到破坏，同时产生毒素（如黄曲霉毒素），投喂效果不好，还可能导致养殖对象生病，甚至死亡。

（四）影响投喂效果的因素

1. 水温变化

鱼类是变温动物，水温对鱼类的摄食强度影响很大。在适宜温度范围内，水温升高对鱼类摄食强度有显著促进作用，水温降低则鱼体代谢水平随之降低，食欲减退，生长受阻。因此，鱼类在不同水温情况下，日投喂量和次数亦应不同。在适宜生长水温范围内比适宜水温范围外投喂量和次数都相应多些。

2. 溶氧量变化

水中溶氧量的高低对鱼的摄食、饲料消化吸收和生长都有很大影响。水中溶氧量低，鱼的食欲差，或者厌食，摄食后饲料消化吸收率低，生长速度慢，饲料系数高。鱼在最适生长水温时，水中溶氧量在 3.5 毫克/升以下比 3.5 毫克/升以上饲料系数要增加 1 倍。在饵料鱼养殖中，因为放养密度大，水体交换少，池中溶氧量在夜间至早晨时最低；阴天浮游植物光合作用弱，且无风时水中溶氧量也低。在流水和网箱养殖中，由于放养密度大，若水体交换量不足，也会造成水中含氧量偏低。水中溶氧量达 4 毫克/升以上时，鱼的食欲增强，饲料消化率提高。因此，投喂时应注意水中溶氧量和天气的变化。水中溶氧量低、鱼浮头时不要投喂，待水中溶氧量改善后再投喂。在池塘养殖中，天气正常时，太阳出来 2 小时以后（上午 9—10 时），由于浮游植物的光合作用，池塘水中溶氧量可达 4 毫克/升以上，这时投喂效果较好。

3. 饲料的形态与颗粒大小

投喂时要注意选择鱼喜欢摄食的饲料，一般鱼类不论硬颗粒或软颗粒饲料都能摄食，但饲料的形态与颗粒大小应根据鱼的食性特点来处理，才能取得较好的养殖效果。此外，加工或选购投喂的颗粒饲料还要注意适合各生长阶段鱼的摄食，颗粒过小或过大都不利于鱼的摄食，饲料利用效果会相应降低。

4. 配合饲料与青绿饲料分开投喂

投喂团头鲂、草鱼亲鱼时，不要把颗粒饲料与青绿饲料同时投喂，否则会影响其对配合饲料的摄食，造成配合饲料的溶失。如果需要投喂青绿饲料以增加维生素等营养物质，可采用交替投喂的方法，或把青绿饲料混合到配合饲料中投喂。有的鱼类对某种配合饲料一旦形成摄食习惯，突然改投其他配合饲料，会影响其摄食机率。

五、施肥

肥料是饵类鱼的间接饲料。在饵料鱼养殖过程中，采用施肥的方法培育天然饵料，供给所养殖的饵料鱼苗摄食，既可降低生产成本，又可提高池塘单位产量。

（一）肥料种类

池塘施肥所用的肥料种类很多，概括起来可分为绿肥、人与畜禽粪肥和无机化肥三大类。

绿肥含有不同营养成分，包括有机氮、维生素和无机盐等，在水中腐烂分解，为微生物的滋生创造了良好的环境，可促进浮游生物大量繁殖，是很好的淡水养殖肥料。绿肥由于本身不含有毒有害物质，又无污染，对水产品危害少。人畜禽粪主要含氮、磷、钾等，肥效很高，但来源复杂，并含有致病菌、寄生虫等有害生物等，易对水环境、水产品安全构成危害。施用时须经过发酵腐熟，或加1%～2%生石灰消毒杀灭各种致病菌和寄生虫卵。此外，畜禽的粪便中含有圈舍消毒药物，须降解后才能施用。无机化肥又叫速效肥料，包括氮、磷、钾、钙肥。施用的无机化肥，应选购符合国家标准的化肥产品，其质量要有保证。

（二）施肥方法与用量

鳜鱼高效生态养殖过程中施肥是根据池塘水的"肥瘦"（由浮游生物量决定）来决定施肥的数量和方法。不同的肥料，其施用的方法与施用量亦不相同。

1. 绿肥施用法

施肥时根据需要将一定数量的各种野生（无毒）植物，

或人工种植的植物（如苕子、紫云英、蚕豆茎叶、瓜蔓等）堆入池塘中的一边或相对的两边，隔 1~2 天翻动肥堆 1 次，将腐烂的部分撒入水中，最后将不易腐烂的草渣捞出池外另行处理。用绿肥作基肥，每公顷施 2 250~3 750 千克。施多少基肥最适宜，必须依照池塘的土质、水质、肥料的性质及养殖种类与大小等决定。

2. 粪肥施用法

施肥时先将发酵腐熟的粪肥用 2 倍清水稀释，然后绕池边徐徐泼洒，用粪肥和混合堆肥作基肥时，每公顷施 3 750~7 500 千克。追肥量根据水质肥瘦增减。

3. 无机化肥施用法

无机化肥种类不同，其所含的营养物质（氮、磷、钾）不相同，施用方法也有所不同，一般作追肥施用较多。施用时，应合理配比，科学使用。施用化肥时的水温以 20~30℃为好，这个温度范围最适合浮游植物的繁殖。每次施用时，应选择有阳光的天气，自上午 9 时至下午 2 时施完。因为这个时间内浮游植物光合作用比较强，化肥可以比较快地被吸收利用。化肥不得与碱性肥料和渔药（如生石灰等）同时使用。但与有机肥结合使用，比单一施用化肥的肥效更高。每次施肥量依肥料浓度与肥料所含有效成分计算确定。通常每次施肥量为：每公顷施尿素 60~75 千克，或用碳铵 90~150 千克，或用氯化铵 90~120 千克，或用过磷酸钙 90~150 千克。具体施肥量与施肥周期视施肥后水质、天气状况灵活掌握。

肥料种类较多，其性质、肥效各有不同。因此，在鳜鱼高效生态养殖过程中施肥时，必须了解所施肥料的特性，掌握施肥技术，并严格遵守操作规范。每次无论施用什么肥料，具体数量要根据水色浓淡来定，以水的透明度在 25~35 厘米，水色呈黄绿色或者褐绿色为宜。同时，配合其他措施，才能经济有效地提高无公害水产品产量。

（三）施肥对水产品安全的潜在危害

池塘施肥虽然能为所养殖的饵料鱼提供丰富的生物饵料，提高产量，但也可能对养殖水体环境以及水产品带来危害。人、畜禽粪肥中带有各种寄生虫和致病菌，不经处理就作为肥料施用到池塘中，水生动物就会成为这些有害生物的中间宿主或携带者，最终经食用危害人类健康。因此，在高效生态养殖过程中施肥时，必须了解所施肥料的特性，掌握施肥技术，并严格遵守操作规范，同时配合其他措施，才能经济有效地提高无公害饵料鱼的产量与质量。

第四章　科学的饲养管理

　　鳜鱼高效生态养殖技术规范包括优质、健康苗种生产技术、商品生态养殖及加工技术等。在整个鳜鱼高效生态养殖的生产过程中，应充分引用 HACCP 体系，即对商品鳜生产过程进行危害分析并找出其关键控制点，以便对商品鳜的生产全过程进行有效的质量控制，从而使商品鳜符合安全无公害的标准。

一、人工繁殖

　　优质、健康鳜鱼苗种生产就是在人为控制下，采集、培育亲体鳜鱼，使亲鳜达到性成熟，并通过生态、生理的方法，使其产卵、孵化而获得健康的鳜鱼苗种的一系列过程。其生产技术应符合《无公害食品质量　鳜养殖技术规范》（NY/T 5167—2002）的要求。

（一）优质、健康苗种生产的关键技术

1. 优良亲本培育技术

　　用于繁殖的亲本应来源于原、良种场或大水体野生亲本，其质量应符合相关标准；亲本在培育过程中应投喂优质的、营养全面的饲料；不同种鱼类的亲本应在不同的池中进行饲

养管理；人工繁殖后应及时对亲鱼建立档案，以供翌年参考使用。

2. 规范的苗种繁育技术

亲鱼催产应把握好最佳的催产时间，并使用符合规定的催产药物，催产药物用量适当；鱼苗孵化时应控制好水温、水质；鱼苗出膜后应投喂足量、适口的开口饵料；同时进行病害防治，防治用药应符合渔用药物使用准则。

（二）繁殖场所的选择和主要设施设备

1. 繁殖场所

用作鳜鱼人工繁殖的场所，应选在靠近水源和亲鱼池、土质坚实、交通方便的地方，如水源有一定的高程差，还可以利用自动流水催产、孵化，降低动力消耗。

2. 繁殖设施

主要包括沉淀池、净化池、产卵池、孵化环道（缸）等。

（1）沉淀池、净化池。用作孵化用水处理。孵化用水一般需经过二级处理，一级处理为初级沉淀，除去水中的大颗粒杂质和泥沙等，二级处理是将沉淀池中的水通过砂过滤（包括滤去水中的部分敌害生物），然后经水泵抽至水塔，并经完全曝气，确保孵化用水中溶氧量在 6 毫克/升以上。

（2）产卵池。以圆形为好，直径 6~10 米均可，深 1 米，设置进水管、排水管、集卵池等。

（3）孵化环道。根据鳜鱼卵胚胎发育对溶解氧的需求和脱膜时油污、杂质多的特点，宜用双圆环道流水孵化方式，并在圆型环道结构的基础上，打破传统设计原理，对孵化环道给排水方式进行改制。改内壁排水为外壁排水，将纱窗式过滤改为全筛绢面过滤，改窗框固定型为网纲牵拉型，通过离心力与向心力的相互作用，调节环道内外渗压，使环道内的鱼卵或鱼苗尽可能分布均匀，同时利用水体旋流运动的冲击力使过滤筛绢产生有规律的波浪形振动，减少筛绢易被卵膜、油污、死苗、絮状物等粘堵现象的发生，使得环道中的水质状况得到改善，从而确保孵化率的提高。

（4）孵化缸。将孵化缸底设置为四孔喷水，以缩短喷水距离，增强喷水力度，避免鱼卵沉积缸底而粘结成团。

（5）机电设备。包括水泵、电动机、充气机等。

（三）亲鱼的准备

亲鳜是用来繁殖鱼苗的种鳜，亲鱼的准备工作主要包括采集、运输和培育。

1. 亲鱼的来源

目前亲鱼来源有两种途径：一是在冬、春季节从天然水域中捕获；二是来自池塘养殖。繁殖季节来临前，从天然水域捕获直接用于生产的，其催产成功率很低，但卵质较好。生产上应尽可能在鳜鱼越冬前捕捉，延长其强化培育时间，以利提高繁殖效果。从天然水域捕捞亲鱼时，可用单层尼龙刺网、三角抄网等工具。捕捞的亲鱼应逐尾进行选择，要求体质健壮、形体标准、无病无伤，尽量选用个体大、2~3龄、体重1~2千克的为好，以确保繁殖效果。若条件限制，体重在 0.5 千克以上的雄鱼、0.75 千克以上的雌鱼亦可进行人工繁殖。为棍高鳜鱼苗种质量，近年来无论是南方地区，还是长江流域的人工繁殖单位多以采集长江野生鳜作为亲体。

2. 亲鱼的运输

亲鱼运输有水运和干运两种。水运方法是在车或船上设置帆布袋、桶等容器，容器内装上一半水，每只袋（桶）可运亲鱼5~10尾（视容器大小而定）。运输中应经常添换新水，防止亲鱼因缺氧死亡。如果能用胶皮氧气袋或活水车运输更好。干法运输只适用于短距离运送，可用竹篓、鱼夹加湿水草包裹或用湿毛巾毯包裹亲鱼，途中视距离远近也应淋洒清水。

3. 亲鱼的培育

无论是天然捕捞或养留的亲鱼，都必须经过培育方可投入繁殖生产，其培育方法分为两种，一是常规培育，二是早繁亲鱼培育。

（1）亲鱼的常规培育。培育池宜用 0.1~0.2 公顷的土池，水深在 1.5 米左右。池埂坡度 1：（2~2.5），水源符合养殖用水标准，注、排水方便，并配备增氧机。

将采运来的种鳜经消毒处理后，一般是放入四大家鱼池或亲鱼池，与其混养，放养密度视池塘里小鱼、小虾的数量确定，每亩放养 15~20 尾 ［雌雄比例 1：（1.2~1.5）］。至繁殖前集中进行专池强化培育，培育期间应投喂小杂鱼、虾、鲢、鲫等鱼种，饵料鱼投放要适时、足量，每 3~5 天定时冲换水 1 次，以保证水质清新，溶氧量充足。经 40~60 天的培育即可进行配对催产。条件允许，如能结合对亲鱼池进行降水增温、注水保温、流水刺激的生态催熟办法，或利用热水资源培育亲鱼，其性腺发育会更加理想。

（2）早繁亲鱼的培育。整个培育过程分为室外培育和室内培育两个阶段。

室外培育：用作早繁的鳜鱼室外培育的方式、方法及管理措施与常规培育相同。

室内培育：鳜鱼亲鱼在室外池塘培育至 12 月中旬，须转入温室培育，通过增温、增氧等措施来促进鳜鱼亲鱼性腺发育，以达到提早繁殖的目的。

温室建在交通方便、水源充足、水质良好的地方。温室为长方形，东西向搭建，以保证光照充足。温室基本设施主要包括五大部分：一是亲鱼培育和人工繁殖育苗系统，包括保温大棚 1 座，1 000 平方米左右，内设长方形鳜亲鱼培育池、饵料鱼亲体培育池、产卵池、孵化环道（缸）等。二是供水系统，包括室外水质净化池 2 000 平方米左右；蓄水塔 1 座，300 立方米左右。三是控温加热系统，包括锅炉、供热管道。四是冷热水净化调配及进排水系统。五是供电、增氧系统。

水泥培育池面积 10~15 平方米，池深 0.6~0.8 米。池内设循环热水加热系统、进水和排水系统、充气增氧设施。在亲鱼入池前半个月，对水泥池进行打扫、消毒、浸洗。亲鱼入池时用 15~20 毫克/升高锰酸钾溶液或 3%~5% 食盐水浸浴3~5 分钟，杀灭体表病原菌、寄生虫等。入池时的温差不宜超过 3℃，放养密度为 2~3 尾/立方米。雌雄配比为 1∶（1~1.2）。

日常管理主要包括饵料投喂、水温调控、水质管理等工作。

一般采用鲫鱼、花白鲢等鱼种作饵料鱼，规格以 60~80 尾/千克为宜。3 天左右投喂 1 次，以减轻亲鱼培育池的载鱼量，每次投喂量控制在亲鱼尾数的 8 倍左右。饵料鱼投喂前用5%食盐水浸洗 3~5 分钟，以防带入细菌和寄生虫。饵料鱼亲本使用常规饲料投喂，以配合饲料为佳，日投喂量为亲本体重的 5%左右。

根据鳜鱼亲鱼在自然气候条件下性腺发育的周年变化规律和性腺发育成熟所需的自然积温，按照"循时渐增，合理调控"的原则进行加温，每 10 天提高水温 1~2℃，在 3 月初达到21~23℃，产卵前 10 天提高到 26℃左右。从 3 月起，每隔 5~7 天检查 1 次鳜鱼亲鱼的性腺发育状况，以便科学合理地调控水温，促使其能如期达到催产要求。

由于温室培育在水泥池中进行，故要特别注意池水的水质状况。采用间隙充气法，既能保证溶氧量充足，又可节约用电。培育池充气时间与停气时间之比为 1：（2~4）。水温在 18℃以上时，鳜鱼活动能力强，摄食量大，排泄物多，水质极易恶化，要重点做好吸污、换水的管理工作，每天吸污 1 次，并视水质状况，每 5~7 天换水 1 次，每次换水量为池水的 1/3。换水前，先将调温池的水温调节到与培育池的水温相一致，然后进行换水。从 3 月起，每天在池内冲水 2 小时左右，并定期检查亲鱼的性腺发育状况，根据其成熟度合理调节冲水次数和时间长短。冲水可利用培育池水进行内循环，以减少热能的损失。

4. 鳜鱼的性腺发育

雌鳜一般二年性成熟，但在精养条件下，有的雌鳜 1 冬龄也能成熟。11月卵巢可达Ⅲ期，翌年4—5月（温室培育的亲鱼在翌年3—4月），卵巢发育至Ⅴ期，6月底有部分雌鳜卵巢退化现象，而大规格的雌鳜（体重在800~3 000克），则7月上旬仍可催产、排卵。长江流域水温达20℃以上时即可催产，5—6月为鳜鱼产卵盛期。6月中旬解剖不同规格的亲鱼，其成熟系数为：雄鱼体长23~27厘米，体重270~480克，其精巢重量在10~20克，成熟系数（精巢重量占其体重的百分比）为3.5%~4.5%，而同期体长24~28厘米，体重在260~2 450克的雌鳜，卵巢重量为20~250克，成熟系数卵巢重量占其体重的百分比为5.3%~10.2%，产卵量一般为2.8万~21.4万粒。表4-1为雌鳜性腺发育与怀卵量。因雌鳜相对卵巢成熟系数与个体大小关系密切，故在选择催产亲鱼时，应尽可能选择个体大的雌雄亲体。

表4-1　不同全长雌鳜的性腺发育与怀卵量

鱼体全长（厘米）	成熟系数	卵巢发育时期	绝对怀卵量（粒）	相对怀卵量（粒）
22.0	19.1	Ⅳ~Ⅴ	55 224	173
23.0	7.1	Ⅳ	27 738	96
27.0	9.3	Ⅳ	77 200	136
29.0	9.2	Ⅳ	118 116	128
30.0	4.6	Ⅳ	63 000	122
31.0	4.8	Ⅳ	84 000	127
39.0	5.5	Ⅲ~Ⅳ	213 828	179
51.3	8.1	Ⅳ	303 612	138
55.5	12.1	Ⅲ~Ⅳ	597 500	143

（四）人工催产

在催产前务必做好各项准备工作，不失时机地在最适宜的季节进行人工催产，这是鳜鱼人工繁殖取得成功的关键。

1. 繁殖前的准备

人工繁殖前应对产卵池、孵化环道（缸）、水泵、管道、进水口、过滤设施等进行必要的检查，发现问题及时修理。及时备足人工催产用激素等催产剂并留有富余量，对消毒净化水质、防止鱼卵和鱼苗发病的药物也要准备到位，并注意其有效期。

2. 催产时间

常规催产与早繁催产时间不同。天然水体或池塘中的鳜鱼生殖季节一般在5月上旬至7月初。从解决好鳜鱼苗的开口饵料考虑，以5月上旬催产较为理想，但此时华北地区雌鳜的性腺成熟系数较小，故一般都选择5月中旬至6月上旬进行人工催产，其效果较好。温室内的鳜鱼亲本是经逐步升温强化培育的，一般在3月底至4月初达到性成熟，此时即可进行催产。

3. 亲鱼的雌雄鉴别与选择

在生殖期内雄鱼无副性征出现，在外形上与雌鱼没有明显区别，但在肛门后有一白色圆柱状小凸起，在这生殖凸起上，雌鱼有两个开口，生殖孔开口于生殖凸起的中间，泄尿孔开口于生殖凸起的顶端；而雄鱼的生殖孔和泄尿孔重合为泄殖孔。根据这一特征，全年均可鉴别鳜鱼性别。此外，鳜鱼在性成熟之后，尤其在繁殖期，雌鱼下颌前端呈弧形，超过上颌不多，雄鱼下颌前端呈尖角形，超过上颌很多。

供人工繁殖用的鳜鱼必须性腺成熟度良好，成熟雌鳜的外观特征是腹部比较膨大，用手轻压腹部，松软而富有弹性。卵巢轮廓明显，腹中线下凹，卵巢下坠后有移动状，用手轻压腹部无退化卵流出。取卵观察卵粒呈黄色，且卵粒大小整齐、透明；雄鱼生殖孔松弛，轻压腹部有乳白色精液流出，且精液入水后，能立即自然散开。

4. 催产剂的使用

目前常用的有鲤鱼脑体（PG）、绒毛膜促性腺激素（HCG）、促黄体生成素释放激素类似物（LRH-A）和马来酸地欧酮（DOM）等，单独使用或混合使用均能获得较好的催产效果，使用剂量：一次注射，若单用 PG，则雌鱼的注射量为 14~16 毫克/千克；若混用，每千克雌鳜注射 PG 1.5~2 毫克、HCG 500~800 单位。如果混用 LRH-A 和 HCG，则每千克雌鱼注射 LRH-A 50 微克、HCG 500 单位，雄鱼注射量减半，两次注射。若使用 PG，第一针剂量，每千克雌鱼为 0.8~1.6 毫克，第二针剂量，每千克雌鱼为 10~15 毫克，雄鱼剂量减半。若使用 PG 加 LRH-A 时，第一针剂量，每千克雌鱼用 LRH-A 20 微克；第二针剂量，每千克雌体注射 PG 2.5 毫克、LRH-A 150 微克，雄鱼减半。若使用 DOM 和 LRH-A 时，每千克雌鳜注射 DOM 5 毫克、LRH-A 100 微克，雄鱼剂量减半，分两次注射。若 PG、HCG、LRH-A 三种激素混合使用时，每千克雌鳜注射 PG 2 毫克、HCG 800 单位、LRH-A 100 微克，雄鱼剂量减半，分两次注射。在温度较低或亲鱼成熟度稍差时，剂量可适当增高，反之可适当降低。第一次注射与第二次注射相隔时间一般为 8~12 小时，水温较低时，相隔时间可适当延长，两次注射的效果一般好于一次注射。注射部位为胸腔注射，方法同家鱼人工繁殖。

5. 效应时间

即鳜鱼从注射催产剂到开始发情、产卵的时间长短，与亲鱼的成熟度、水温、催产剂种类、注射次数、针距以及产卵的环境条件等因素有密切的关系，在亲鱼成熟度良好的前提下，最重要的因素为水温和注射次数（表4-2，表4-3）。

表4-2 一次性注射催产剂后鳜鱼发情和产卵时间

水温（℃）	注射至发情时间 （小时）	注射至产卵时间 （小时）
18~19	38~40	40 左右
24~27	20~23	22~24
28~29	20~22	21~23
32	19~21	20~24

表4-3 两次注射催产剂后鳜鱼发情和产卵时间

水温（℃）	注射至发情时间 （小时）	注射至产卵时间 （小时）
21~23	10~12	20~16
25~27	9~10	10~16
28~29	8~9	9~11
29~31	8~9	9~10

从表中可以看出，水温高，发情、产卵时间短；水温低、

成熟度差则时间长。两次注射的效应时间（从第二次注射时算起）短于一次注射。在生产上主要是根据注射次数和水温推算亲鱼发情、产卵的时间。一次注射，水温在 18~19℃时，效应时间为 38~40 小时；水温在 24~27℃，效应时间为 23~28 小时；当水温达 32~33℃时，效应时间为 20~24 小时。采用两次注射时，水温在 22~26℃时，效应时间为 16~20 小时；水温在 27~31℃，效应时间为 9~11 小时。另外，PG 对鳜鱼催产的效应时间相对较长，效应时间与水流也有较大关系，水流在 15~20 厘米/秒时效果较好。

6. 发情与自然产卵

成熟的亲鱼注射催产剂后，可将雌雄鳜鱼配组放入产卵池中，让其自然产卵，雄鱼可略多于雌鱼，一般雌雄比例为 1：（1~1.2），亲鱼密度为 2~4 千克/平方米，亲鱼在催产剂的作用下，加上对产卵池内亲鱼进行定时冲水刺激，经过一段时间，就会出现兴奋发情的现象。初期，几尾鱼集聚紧靠在一起，并溯水游动。而后，雄鱼追逐雌鱼，并用身体剧烈摩擦雌鱼腹部。到了发情高潮时，雌鱼产卵，雄鱼射精，卵精结合成受精卵。此时，可进行集卵，即一面排水，另一面不断冲水，使卵流入集卵箱内，分批收集取出鱼卵，并经漂洗处理，除去破卵、空卵、杂物后，随即移放到孵化容器内孵化。收卵工作要及时而快速，以免大量鱼卵积压池底（或集卵箱底）时间过长而窒息死亡。鱼卵收集完毕后，可捕出亲鱼回塘。

如果没有产卵池，也可将已注射催产剂的亲鱼放入筛绢制成的网箱内，经过一段时间，亲鱼也能自行发情、产卵。

待亲鱼产完卵后将其移走，再将箱内的卵集中于孵化器中孵化，此法简便易行。

鳜鱼属分批产卵类型，自然产卵可减少产卵亲鱼的损伤和工作程序。

7. 人工授精

在缺少雄鱼时，使用此法较好，但需把握适宜的授精时间，否则会降低受精率。将到效应时间前，应注意产卵池中亲鱼的动态，当亲鱼开始发情，尚未达到高潮时，拉网检查。检查时应先检查雌鱼，将雌鱼腹部朝下，轻压腹部有卵粒流出时。立即捂住生殖孔，并将鱼体表的水擦净，裹上毛巾，将鱼轻轻握住，头朝上腹朝下，由上而下反复适度挤压，让卵流入干净的面盆中，同时挤入雄鱼精液，经充分搅拌后加入少量清水，再搅拌一下，静置 1 分钟后放入孵化环道或孵化缸孵化。

通常 1 尾雌鱼可挤卵 2~3 次，每次挤卵后应稍停片刻再挤。为了提高受精率，在条件许可的情况下，1 尾雌鱼的卵最好用 1 尾以上雄鱼的精液，以利于提高受精率。

（五）人工孵化

孵化是将鳜鱼受精卵放入孵化工具内，并根据鳜鱼胚胎发育的特点，因地制宜地创造有利条件，在人为的条件下，使鱼卵变成鱼苗的过程。

1. 鳜鱼的胚胎发育

鳜鱼卵是无黏性的半浮性卵，具有较大的油球，在流水中呈半漂浮状态，而在静水环境中则往往沉于水底。其卵径1.2~1.4毫米，吸水膨胀后约为2毫米，卵膜厚，不大透明。当水温在21~24℃时，受精卵经70小时左右可以孵出鱼苗，刚孵出的鱼苗全长3.6~4.5毫米，个体通常比家鱼苗小。经50~60小时的培育后，体长即达4~5毫米，心动次数平均为3次/秒，全身前半部呈深紫红色，后半部透明无色，在水中只见一个紫红色点。头大，吻尖。上、下颚已出现牙齿，鱼苗已能在水中作水平方向的前进游动。此时的鳜鱼苗开始摄食，即进入夏花培育阶段。

2. 孵化条件

鳜鱼受精卵可利用家鱼人工繁殖所使用的孵化环道、孵化缸、孵化器，还可用密网箱孵化。其受精卵与家鱼卵比较体积小，比重大，容易沉入水底而造成窒息死亡。因此，水流、溶氧量和水温是主要条件。水流的作用有三个方面：其一能保持卵悬浮在水体中、上层，不致下沉；其二是输入的新鲜水含有丰富的溶解氧；其三是随水带走鱼卵排出的二氧化碳等废气。所以保持孵化环道（缸）中水流正常至关重要。鳜鱼胚胎正常要求水中溶氧量在6毫克/升以上，因此要求水流比四大家鱼卵孵化时的速度要相应快些，一般流速要求达到25~30厘米/秒，以保持鱼卵不下沉堆积，尤其是在鱼苗将孵出至孵出期间掌握好流速、流量，必要时可以采取人工搅动的方法，可有效防止鱼卵沉积或鱼苗聚集，从而提高孵化率。水质清新、酸碱度适中也是孵化用水的必要条件。另外，水体中不能含有大型蚤类、小虾、水生昆虫、蝌蚪等敌害。故孵化用水必须通过筛绢过滤，网目规格90~100目。如条件具备，孵化用水最好通过二级处理（沉淀、沙过滤）后方可注入孵化设施，以利提高孵化效果。

3. 孵化密度

利用环道孵化鳜鱼苗，每立方米水体可孵化受精卵 5 万~10 万粒。用孵化缸或孵化器孵化鳜鱼苗，每立方米水体孵化受精卵 10 万~20 万粒。用网箱孵化，密度为每立方米水体3 万~5 万粒。

4. 孵化时间

正常的胚胎发育所经历时间的长短，与水温和溶氧量的高低有关。水温对孵化时间影响甚大。水温在 23.5~25.5℃时，从受精至孵化出膜时间需 40~52 小时；水温在 26~28℃时，孵化时间需 32~38 小时；水温在 28~30℃时需 30 小时左右。孵化的最适水温是 22~29℃。在适宜的温度范围内，温度越高，孵化时间越短，反之则长（表4-4）。水温能保持在最佳范围，可以缩短孵化时间和提高孵化率。

另外，水质对孵化出膜时间也有影响。水质良好，溶氧量高，孵化时间较短；反之，孵化出膜时间延长。某些有固膜作用的药物，如高锰酸钾，可推迟鳜鱼苗出膜。在良好的水质条件下，孵化率为 70%~90%。

表4-4 孵化时间与温度

水温（℃）	孵化时间（小时）	温差（℃）	孵化时差（小时）
19~20	82~85	1	10.5
20~21	72~74	1	10.5
21~22	62~64	1	10.5

（续表）

水温（℃）	孵化时间 （小时）	温差（℃）	孵化时差 （小时）
22~23	52~54	1	10.0
23~24	42~40	1	10.0
24~25	44~46	1	6.0
25~26	38~40	1	6.0
26~27	35~47	1	3.0
27~28	33~34	1	2.5
28~29	31~33	1	1.5
29~30	30~32	1	1.0

5. 孵化管理

在鳜鱼卵孵化过程中，应加强日常管理，必须做到以下几点。

（1）机电配套，防止停水。如停水，鱼卵就会下沉，堆积水底，导致底层缺氧，水质变坏，造成死亡。一般情况下，机电设备均配备两套，以防不测。

（2）控制水流。孵化时，应有较大的水流。一般可控制在0.3米/秒左右，使卵保持在中、上层，脱膜期水流可适当加大，以便清除油污、卵膜等。但当鱼苗出膜后应减小水流，防止跑苗等。

（3）经常清洗筛绢。尤其是在脱膜高峰期，更应防止卵膜等堵塞网孔，造成水流不畅，使水质变坏。

（4）做好病害防治工作。在鳜鱼苗孵化过程中，孵化用水中如果含有大量剑水蚤，就会直接伤害受精卵和出膜仔鱼，还会导致受精卵缺氧或使鱼卵受损而感染水霉病进而影响孵化率。为预防剑水蚤、车轮虫和水霉病的危害，孵化期间应及时用药灭菌、杀虫，防止病害的侵袭。

二、苗种培育

鳜鱼苗种培育是鳜鱼养殖的基础，苗种的数量和质量决定了当年商品鳜的产量和经营效益，目前鳜鱼苗种培育还不能像其他淡水鱼那样在池塘中投喂商品饲料或用肥水法等培育，因此鳜鱼苗种培育技术的好坏直接关系到鳜鱼养殖成活率的高低。

鳜鱼苗种培育包括夏花培育和一龄鱼种培育两个阶段。

（一）夏花培育

生产上把刚从受精卵中孵化出的鳜鱼苗经 20~30 天的培育，达到 3 厘米左右规格的过程称鳜鱼夏花培育。

1. 鳜鱼苗的生物学特性

鳜鱼苗是其个体发育过程中生长发育剧烈的阶段，其生物学特性（如摄食、生长和生活习性等）与成鱼不同。为了提高鳜苗培育效率，需要了解它的生物学特性，以便制定科学的管理措施。

（1）鳜鱼苗消化器官的发育。鳜鱼苗消化器官的发育按照出膜后仔鱼消化器官的形态发育与营养来源，可分为三个阶段。

内源性营养阶段：即鳜鱼苗出膜至开食以前。出膜鳜鱼为仔鱼前期，卵黄囊占鱼体重的 50%左右，呈卵圆形，前端有油球，直径 0.4 毫米。仔鱼前期消化器官较原始，不能摄食，靠自身营养物（卵黄和油球）发育，但发育迅速，功能分化快，为过渡到主动摄食作准备。仔鱼前期口腔已形成，口裂宽 0.7 毫米，无颌齿与咽齿，嗅囊与听囊正在发育，耳石可见。眼球发育基本完善，眼径大，并有明显的光反应与分辨能力，其视觉在摄食行为中起着重要作用。肠胃尚未分化，系一直形管，前部稍膨大，最大直径 0.04 毫米，后部较狭长，最小直径 0.02 毫米，消化道总长为仔鱼全长的 33%~44%，肝无色透明，胆囊与胰脏刚开始形成。背大动脉、尾静脉及肠静脉血流出现。

混合营养阶段：鳜鱼苗开食至幽门垂出现以前。鳜鱼出膜后，在水温为 21~29℃时经 64~120 小时即开始主动摄食，进入仔鱼后期，需要混合营养，卵黄囊迅速消耗变小，油球变小较慢，但 1 周后消失。此期鳜鱼增长迅速，全长 5~12.5 毫米。运动活泼，由前期的垂直游动到此期为水平游动，主动摄食。眼球发育完善，两眼同步转动，突出，视野广阔，水平单眼视角 170°以上，双眼视角 300°，喜光，能在 10 厘米内发现食物，捕食前往往隐蔽靠近摄食对象。后期仔鱼两颌骨与齿骨长出朝向咽部的利齿，尤其是上颌齿延展为犬齿状，十分锐利。口裂周长 1.4 毫米以上，颊部及鳃条骨之间有坚韧并富弹性的皮膜。左、右颌骨和齿骨与鳃盖骨之间各有活动的"关节"两处，使之形成巨大的咽腔，有利吞咽比自身还长的鱼苗。消化道基本发育完善，肠胃食道分化显著，前躯的胃迅速膨长，胃壁开始很薄并逐步增厚，胃腺开始发育。

此期末出现 3 个原始的幽门垂凸起，胃黏膜出现纵形褶皱 15~16 条，肠部黏膜为网状浅褶。直肠及肛门出现排泄物。消化道增长，比例达到最大值后趋于稳定，占鱼体全长的 44%~72%。肠系膜上的胆囊出现黄色胆汁，肝胰脏呈红色，血管明显，鳔充气。消化器官完全具备吞噬、消化与吸收活鱼苗的能力。

外营养阶段：鳜鱼出现幽门垂，各鳍鳍条与鳍棘已分化，内源营养物完全耗尽并依赖捕获活鱼苗存活，从此进入稚鱼期。这时出膜 8~10 天，鱼体全长 12.5 毫米左右，消化器官发育完善，食道紧接膨大的胃。胃呈 "T" 形，约占消化道重量的 68%，胃壁厚，胃腺发达，上有粗大的血管分支。幽门垂由 3 条逐步发展到 300 条以上，呈树枝状盲囊，是重要的辅助性消化器官，重量约占消化道重量的 13.6%。它的出现大大增加了肠内吸收表面积，加强了消化酶的分泌作用，肝分左、右两叶，位于前腹部，一般占鱼体重量 1%~2%。肠系膜上有脂肪沉积，胰脏呈暗红色，胆囊充满黄绿色透明胆汁。至此消化器官已完全具备成鱼构造与功能。

（2）鳜仔鱼摄食习性。鳜鱼苗从混合营养阶段转向外源性营养的时间很短，对食物的选择性很强，开食后除了摄食适口的活鱼苗外，尚未发现其摄食轮虫，枝角类、桡足类等其他饵料。也不再有饵料转化过程，也不主动摄食包括浮游动物在内的其他非鱼苗饵料，也就是说，仔鱼要完全依靠摄食活鱼苗来维持生存，这时候最重要的是及时供应足够适口的鲜食饵料。这与目前所知的其他肉食性鱼类仔鱼是完全不同的。鳜鱼性贪食，1 尾全长 11.5 毫米的仔鱼胃内解剖出 5

尾刚摄食进的全长 7~10 毫米的饵料鱼。一次饱食达到自身体重的 50%~80%。一般情况下不摄食死去的鱼苗，甚至不摄食病弱和活动力差的鱼苗。当开食两天后仍未摄食到 1 尾饵料鱼苗时，其活动能力骤然降低，感觉迟钝，缓慢地浮于水的上层，即使饵料鱼靠近嘴边，也没有能力捕食，最后大批饿死，成为鱼苗发育阶段"临界期"。鳜鱼仔鱼开口摄食头两天内游泳活泼，感觉敏锐，在距离 50 毫米、水平视角 310°时即能准确定位发现游动的鱼苗，并迅速跟踪、追逐和突袭捕食。被捕食鱼苗长度并非必须小于鳜鱼全长，而只要其横断面的最大周长小于鳜鱼口裂周长的 90%即可。在捕食中，鳜鱼的眼睛在发现、辨别跟踪、袭击食物中起着主要作用。嗅觉只有在很近的情况下才有辨别食物的能力。至于味觉，在辨别食物方面作用不大。在孵化环道（缸）内，常常可以看到随着缓缓流动的水流，鳜鱼苗会突然急速游动捕食饵料鱼，鳜鱼仔鱼把食物咬往后，边吞噬边消化，饱食后鱼体呈小黑球状。同种之间的互相残杀，是在饥饿难忍不得已时才会发生。

2. 鳜鱼苗培育方式

20 世纪 90 年代以来，鳜鱼苗培育技术不断得到改进和提高，培育方式、方法也多种多样，生产中归纳为流水和静水培育两种方式，流水育苗又分为用环道和孵化缸；静水育苗又分为在水泥池、小池塘、网箱培育和小型土池育苗等。流水育苗成活率比静水育苗高，但生长速度比静水稍慢。生产上往往将两种或两种以上形式相结合进行。具体方法常因地而异。

（1）流水培育。具有水质新鲜、水体交换量大、水温均衡、温差小、溶氧量丰富、并易人为控制等优点，符合鳜鱼苗生长对环境的要求，利用原孵化鳜鱼苗的环道（缸）培育夏花，是目前生产单位采用的主要方法。孵化环道（缸）是一个特殊水体，它是模拟天然生态条件，使鱼苗始终处于动态。直接采用环道培育鱼苗，提供了鳜鱼苗所需的生活环境，更为重要的是在鳜鱼苗开口摄食之际，投喂适口的饵料鱼——脱膜的团头鲂幼苗或其他活鱼苗，既增加了鳜鱼苗的摄食机率，满足鳜鱼苗生长发育所需的营养，又能够保持清新的水质。育苗初期，鳜鱼苗放养密度一般为 0.5 万~1 万尾/立方米，当鱼苗长至 1.5 厘米左右时，鳜鱼苗在孵化环道（缸）中便显得密度过高，再加入几倍的饵料鱼，相对密度就更大，这时应及时分稀 1 次，密度减半。

在鳜鱼苗培育过程中，应注意环道（缸）不易排污的缺点，防止环道内沉积排泄物和腐殖杂质。每 5 天左右应结合分规格转换环道 1 次，一般选择在晴好天气的上午 10 时左右适时转环，同时将环道底部两侧的沉积物清除。鳜鱼苗贪食，最好在转环道（缸）前数小时停止投喂饵料鱼，以避免鳜鱼苗暴食而造成不必要的损失。

（2）静水培育。培育鳜鱼苗的水池一般以水泥池为好，面积 30~50 平方米，水深保持在 0.8~1 米，在池底可设置一些模拟自然水域的人工礁，为鳜鱼苗创造一个良好的捕食环境。但底部必须有一定的倾斜，底部排水出口处设集苗池，有进、排水装置。排水装置由橡皮管、过滤网及支撑钢筋组成，橡皮管管口固定于钢筋架中心，要求无论怎么放置都不致于会排干池水，保持一定的水位。排水流量由排水管的闸阀和出水口高低控制。鱼苗放养前,培育池必须彻底清理消毒,放养密度一般每立方米水体放养鳜鱼苗 5 000 尾左右,当鳜鱼长至 1.5 厘米左右时,移入池塘或网箱中继续培育,效果会更好。

(3) 小型土池育种。鳜鱼长到 1.5 厘米左右时,可以投放到小型池塘培育,放养量每公顷为 7.5 万尾左右。池塘中必须预先培育饵料鱼,一般在投放鳜鱼种前 10~15 天投放饵料鱼苗,放养密度为 1 200 万~2 250 万尾/公顷。每天定时加入少量新水,谨防水质恶化。

(4) 网箱培育。网箱是鳜苗培育的理想场所。既可以保证有充足、易得的饵料,又有较清新的水进行不断交换。不足之处在于不能投喂刚脱膜不久的饵料鱼,需要经常洗箱,定期更换网箱,鱼苗管理比较繁琐,操作难度比较大。网箱一般采取三级育苗法:Ⅰ级网箱,用 40 目的乙纶网片缝制而成,规格为 (3~6) 米×1 米×1 米;Ⅱ级网箱,用 20~30 目的乙纶网片缝成,规格为 3 米×1 米×1 米;Ⅲ级网箱,是用网目为 0.5 厘米的乙纶网片缝制而成,规格为 3 米×1 米×1 米。Ⅰ、Ⅱ、Ⅲ三级网箱面积配套比例为 1∶2∶4。Ⅰ级网箱培育刚孵出的鳜鱼苗,每立方米放养 3 000~5 000 尾,培育至 1~1.5 厘米时,转入Ⅱ级网箱,密度减半;当鱼苗体长 2~2.5 厘米时,再进行分疏转入Ⅲ级网箱培育,在分稀的同时注意按鱼体大小分养,以利鳜鱼夏花的摄食和生长。

网箱采用敞口浮动式箱,用毛竹或圆管作框架,一般设置在大型池塘中。培育期间,应经常清洗箱上附着物,清除网箱内的排泄物,以保证网箱内外水体正常交换。

3. 饵料投喂

鳜鱼是典型的肉食性鱼类，开口即食活鱼苗，饥饿时互相残食，这是由其生物学特性决定的。因此，准确掌握鳜鱼苗开口摄食时间、选择好饵料鱼品种、及时供应适口饵料是鳜鱼苗培育成败的关键措施之一。

（1）开食时间的确定。鳜鱼苗的器官分化发育与水温密切相关。一般情况下，水温在 23.5~25℃、24~26.5℃、26~29℃时，受精卵至鳜鱼苗开食时间相隔分别为 112~120 小时、105~115 小时和 90~98 小时。此时，鳜苗运动活泼，能够主动摄食。

（2）开口饵料鱼的选择。鳜鱼苗开口以前，由于卵黄囊的营养已基本消耗完，体质较弱，只有在短时间内摄食到饵料鱼，才能维持生命活动。但刚开食的鳜鱼苗本身很小，口裂也比较小，因而开口饵料鱼苗的大小是否适宜，直接影响鳜鱼苗的摄食及成活率。故作为鳜鱼的开口饵料，最好选用那些体长与鳜鱼差不多或比其更小的鱼苗，如团头鲂幼苗等。而刚出膜的花白鲢鱼苗个体较大，鳜鱼苗吞食较为困难，一般不宜选用。

在鱼苗培育生产中，把鳜鱼开口摄食到体长 0.7 厘米这一阶段称为鳜鱼苗开口期，一般时间为 3~5 天，宜选择体型扁长、游泳能力较弱的鲂、鳊、鲴、鲮等鱼苗为开口饵料，尤以刚脱膜 8 小时的活鱼苗为最佳，此时的饵料鱼易被鳜鱼苗整尾吞食。如果投喂老口鱼苗，鳜鱼苗只能利用饵料鱼尾部一小部分，剩余部分常挂在嘴边上，不仅影响其运动，而且容易在水体中腐烂、分解，恶化水质，甚至引发鱼病。

鳜鱼苗开口期过后，对饵料鱼苗选择要求不高，只要适口即可，随着鳜鱼苗的发育生长（其体长逐日变化参数见表4-5），饵料鱼的规格要相应增大。

表4-5　鳜鱼仔鱼、稚鱼体长参数

日龄	变幅（毫米）	均值（毫米）	标准差（毫米）
初孵仔鱼	3.35~3.90	3.63	0.26
1	3.62~4.16	3.94	0.25
2	3.39~4.65	4.41	0.31
3	4.10~4.96	4.68	0.34
4	4.45~5.10	4.83	0.27
5	4.89~6.27	5.63	0.54
6	5.43~7.11	6.47	0.79
7	6.36~8.27	7.75	0.68
8	7.43~9.90	8.53	0.73
9	8.87~10.70	9.97	0.73
11	9.20~11.17	10.48	0.86
12	10.50~12.78	11.98	0.90
13	11.70~14.38	13.38	1.0
14	13.80~16.77	15.96	1.14

（3）日粮。不同日龄的鳜苗种其日粮和适口饵料鱼规格是不一致的，刚开食的鳜鱼苗食量很小，每尾鳜鱼苗的进食量为：2天内，日粮为2~3尾，进食缓慢；2~4日龄，日粮为4~5尾；5~8日龄，日粮为8~12尾；8~12日龄，日粮为10~16尾；14~15日龄，日粮为15~20尾。进食速度和数量随鱼体长大而加快、加大。

这里的日粮是指一尾鳜鱼苗种每天摄食饵料鱼的尾数。不同时期鳜鱼苗种其适口饵料鱼的规格和日粮是不一致的。饱食的鳜鱼苗，腹部膨大，呈棱形，尾柄微弓，在流水情况下，靠在内壁静止不动或随水漂流；饥饿的鳜鱼苗身体扁平，在环道内散开觅食，据此可判断饵料鱼是否充足。为此，从鳜鱼苗一开食起就抓好投喂，以适口的活饵料鱼为宜，促进其生长，以利提高成活率。

（4）摄食方式。在鳜鱼夏花培育前期，可以清晰地看到鳜鱼是从尾部开始吞食饵料鱼的，常常是半条鱼含在嘴里，半条鱼露在嘴外。边吃边游边消化，最后把鱼头吐掉，有时还会看到饵料鱼的头挂在鳜鱼仔鱼鳃盖后的棘刺上，而这又往往会被误认为是寄生虫，此时应注意，遇到这种情况不需用药物处理，过一段时间鱼头会自然脱落。

鳜鱼苗从尾部开始吞食饵料鱼，是由鳜鱼仔鱼发育的内在因素引起的，刚孵化出膜的仔鱼，虽然色素沉着早已发生，但眼的活动还没有开始。因此，它捕食饵料鱼主要靠触觉来进行，而细小饵料鱼的运动又主要是尾部的振动，故都是从尾部被鳜鱼苗吞食的。鳜鱼苗经 7～10 天培育后，体长、体重有了明显的增加，当鳜鱼苗全长达 16 毫米以上时，便具有成鱼外形，但尚未长出鳞片，其眼的功能和侧线系统逐步发育完善，对外界的反应日趋敏感，摄食方式也有较大的变化。有人曾做过这样的试验，把饥饿的鳜鱼仔鱼放在暗室内昏暗的灯光下和完全黑暗的环境下投喂饵料鱼，经一段时间后检查，发现其摄食均在 70%～80% 或以上。此时的鳜鱼仔鱼就能同时依靠触觉和视觉来捕食饵料鱼，摄食方式发生变化，从开始吃饵料鱼尾部改为从头部开始吞食。这时就可投喂鲢、鳙的出膜鱼苗，但由于鳜鱼苗的发育规格不整齐，仍应投喂部分团头鲂或鲴鱼鱼苗等，供小规格的鳜鱼苗摄食，以达到均衡生长的要求。当鱼苗培育 15 天左右，体长 1.3 厘米的鳜鱼苗便开始对饵料鱼头部或侧部攻击。

4. 适口饵料鱼的生产

由于鳜鱼从开食起便终生以活的鱼、虾为食，因此为了保证鳜鱼正常生长，必须培育各级鳜鱼所需的充足、适口的饵料鱼，这是提高鳜鱼产量的重要条件。

（1）开口饵料鱼的准备。适口饵料鱼的生产是鳜鱼苗培育的重要环节。鳜鱼仔鱼喜食活动力较弱，但体质健壮的饵料鱼。一般以投喂脱膜 8～16 小时的饵料鱼苗作开口饵料较好。培育鳜鱼苗的开口适口饵料必须根据鳜鱼催产效应时间、胚胎和胚后内源营养期发育速度以及饵料鱼效应时间和胚胎发育速度来安排生产。

由于鳜鱼苗的开食饵料以刚出膜的团头鲂（或鲮）鱼苗最适宜，所以在准备鳜鱼人工繁殖时必须同时准备团头鲂鱼苗的人工繁殖。另外，孵出较久的团头鲂鱼苗的活动能力增强很快，鳜鱼苗对其捕食率及适口性均降低，所以过早催产团头鲂显然不行；催产过晚，又会使开口待食的鳜鱼苗因摄食不到第一口食物而很快失去捕食能力甚至死亡。因此，必须精确掌握团头鲂催产和鱼苗孵出的时间及其数量，使鳜鱼苗开食后能适时摄食到刚孵出的团头鲂鱼苗。一般水温在 20.2～22.6℃ 的情况下，鳜鱼从催产到出苗需 84～88 小时，水温在 20.6～24.7℃ 时只需 70～74.5 小时。鳜鱼苗孵出后约经 5 天开食，团头鲂在水温为 20.6~24.7℃ 时从催产到孵出需 60~70 小时。所以为使团头鲂孵出苗的时间正好衔接鳜鱼苗开口吃食阶段，大约以鳜鱼苗孵出的第二天至第三天催产团头鲂亲鱼为佳。当然，由于水温不同，互相吻合的时差会有所不同。催产数量以团头鲂刚孵出鱼苗数量为刚开食的鳜鱼苗数量的 2~3 倍为宜。鳜鱼苗开口期，一般 3~5 天，开口期鳜鱼日粮参考数如表 4-6 所示。

表 4-6　开口期鳜鱼苗的适口饵料及日摄食量

鳜鱼日龄（日）	全长（毫米）	饵料鱼种类	每尾鱼的日摄食量（尾）
3	4.9~5.50	团头鲂	2
4	5.00~5.15	团头鲂	3~4
5	5.20~6.00	团头鲂鱼或草鱼	4~6
6	6.10~6.80	草　鱼	4~7

注：摘自王武主编的《鱼类增养殖学》

（2）后阶段饵料鱼的生产。鳜鱼的口裂和饵料鱼的体高随生长而不断变化，不同时期的鳜鱼需投喂一定发育阶段的饵料鱼苗，才有利于鳜鱼吞食。如 60 时龄的鳜鱼苗，仅能吞食 60~216 时龄的细鳞斜颌鲴苗；84 时龄的鳜鱼苗能吞食 60~216 时龄的团头鲂苗；108 时龄的鳜鱼苗，则能吞进 216 时龄之前各阶段的鲴和鲂鱼苗，同时还能吞进 36~108 时龄的草鱼苗；132 时龄的鳜鱼则能吞进 36~108 时龄的草鱼苗；144 时龄的鳜鱼则能吞进 216 时龄前的鲴、鲂、草鱼、鲤以及 12~216 时龄的鲢和 24~108 时龄的鳙鱼苗。如饵料鱼太小，会使鳜鱼苗日吞尾数过多，而增加成本开支。因此，及时供给适口、充足的饵料鱼是鳜鱼苗培育的重要保证。7毫米以上鳜鱼可以摄食任何家鱼水花，这一阶段适口饵料鱼种类、规格及日摄食量如表4-7所示。

表4-7　7~17毫米鳜鱼饵料鱼规格及日摄食量

日龄	全长（毫米）	适口饵料鱼种类	饵料鱼体长（毫米）	饵料鱼体重（毫克）	每尾鱼的日摄食量（尾/日）
7	7.00~7.20	草鱼水花	6.00~6.50	1.8~2.0	5~8
8	8.00	同上	7.00~7.50	同上	6~8
9	9.20	同上	7.00~8.00	2.0~3.0	5~8
10	10.20	花鲢水花	8.00~8.50	3.0~4.0	5~8
11	11.50	同上	同上	同上	6~9
12	12.70	同上	同上	同上	6~9
13	13.60	白鲢、花鲢	9.00~10.00	4.0~8.0	5~7
14	14.80	同上	9.50~10.50	5.0~10.08	5~7
15	15.90	同上	10.50~11.50	8.6~16.0	5~7
16	17.00	草鱼、花鲢	11.50~14.00	16.0~40.0	5~7

注：摘自王武主编的《鱼类增养殖学》

17~27毫米阶段是鳜鱼最难培育的时期，其生长迅速，对饵料鱼的规格、数量要求特别高。必须每天都能吃足，否则会体质瘦弱、染病而死。因此，饵料鱼生产应按鳜鱼苗生产时间、生长发育状况和数量多少分批进行配套生产，并在保证开食饵料鱼苗出膜与鳜鱼开食同步的同时，安排好鳜鱼苗后期饵料鱼的生产，及时在池塘中培育好不同规格的饵料鱼，以保证不同规格的鳜鱼苗摄食。表4-8为培育鳜鱼夏花时使用的饵料鱼规格和鳜鱼的日摄食量参考。

表4-8　17~27毫米鳜鱼饵料鱼种类、规格及日摄食量

日龄	全长（毫米）	适口饵料鱼种类	饵料鱼体长（毫米）	饵料鱼体重（毫克）	每尾鱼的日摄食量（尾）
16	17.00	草鱼	11.50~14.00	20~40	6~8
17	18.20	草鱼	12.00~14.00	25~40	4~6
18	19.50	草鱼	12.00~14.00	25~40	4~6
19	20.70	草鱼	13.00~16.00	30~60	4~6
20	22.00	草鱼	13.00~16.00	30~60	5~7
21	23.60	草鱼、野杂鱼	14.00~16.00	40~60	4~6
22	25.50	草鱼、野杂鱼	15.00~18.00	50~80	5~6
23	27.40	草鱼、野杂鱼	16.00~20.00	70~140	4~6

注：摘自王武主编的《鱼类增养殖学》

在鳜鱼苗种培育后期，需耗费大量的饵料鱼苗。许多生产单位因缺乏经验，估计不足，往往到培育后期无饵料鱼苗可喂。因此，在鳜鱼催产时应根据鳜鱼苗种不同时期日粮推算所需饵料量，及时在池塘中培育饵料鱼苗。饵料鱼培育池的水面不宜过大，一般以0.2~0.4公顷为宜，便于随时捞取。放养密度可以大些，一般为2 250万~3 000万尾/公顷。另外，鳜鱼生长速度远远大于饵料鱼的生长速度，因此饵料鱼的培育不应只考虑一种规格。应安排3~5个池塘分不同时间投放或按不同放养密度同时投放饵料鱼，以控制其生长速度，满足鳜鱼所需饵料鱼的规格。

5. 管理

在鳜鱼苗培育夏花期间，必须实行精细管理，彻底消毒水体，杜绝病原体进入育苗池；严格控制水质，及时排污清

污；适时繁殖饵料鱼，注意与鳜鱼苗培育需求相衔接；一般情况下，向水中充气增氧可刺激鳜鱼苗摄食。饵料鱼投喂前必须严格消毒；培育期间，随着鱼体的增大，逐步分稀密度，降低水流，减少鳜鱼苗顶水游动的体力消耗。同时，根据生产实际定期向培育池泼洒药物，切实做好综合防治鱼病工作，从而有效地提高鳜鱼苗成活率。

经过 13~15 天的饲养，鳜鱼苗长至 2.5~3.5 厘米，这时的鳜鱼苗鳞片已长出，形态与成鱼类似，即可转入大规格鱼种培育阶段。

6. 鳜苗培育注意事项

（1）开口饵料鱼苗品种的选择。鳜鱼苗摄食 1~2 天内，应投喂"自身"苗（指未平游的鱼苗），以保证鳜苗能将饵料鱼绝大部分或整个吞入，解决的办法是尽可能地投喂小而嫩的饵料鱼。对不同家鱼出膜后的体长、体高比较，发现出膜后不久的团头鲂幼苗，全长 5.1 毫米左右，体高只有 0.7~0.8 毫米，尾尖嫩弱，游泳能力也不强，鳜鱼苗极其容易从其尾部咬住并吞食。因此，鳜鱼的开口饵料鱼以出膜后 1~3 天的团头鲂幼苗为宜。

（2）防止气泡病发生。气泡病的发生并不多见，只有在以下几种情况存在时才易发生：一是摄食后未能继续及时供应饵料鱼；二是利用自来水养殖时，水中含氯量较高；三是未及时清污；四是没有进行繁育用水处理，水源属富营养化水体。防治办法：严格规范鳜鱼繁育技术，一般不会发生。如果发生此病，首先立即更换培育用水；其次，捞出已发生病害的鱼苗放入 0.5%~0.7% 的食盐水中，放养密度为 1 万尾/立方米左右，放入后切忌搅动，应让其安静地飘浮在水中，5~8小时后开始恢复正常。

（二）鱼种培育

从鱼苗育成夏花后，鱼体已增长了几十倍，如仍留在原池培育，密度过大，将影响生长，也增加了管理等方面的难度。而直接放入水体养成商品鱼，由于夏花个体幼嫩，觅食及防御敌害的能力仍很薄弱，将会降低养殖成活率。因此，有必要将夏花进一步培育成较大规格的鱼种。生产上将3厘米左右的鳜鱼夏花继续培育成6~15厘米或50~100克/尾的鱼种过程，称鳜鱼种培育阶段。

鳜鱼种的养殖方式分为专池培育、网箱培育、套养、拦养四种，一般用专池培育的鳜鱼种成活率较高，有的可达90%以上；套养池鳜苗种成活率相对较低，一般在20%~70%之间。由于套养池放养量低，因而生长速度较快。而专池培育，虽然成活率较高，但由于放养密度较大而影响鳜鱼的生长速度。

1. 专池培育

（1）池塘条件与放养。面积不宜过大，以0.1~0.2公顷为宜，水深1米以上，灌排水方便，能经常保持微流水为最佳。采用人工投喂饵料的方法饲养，放养密度一般为每1 000平方米放养3 000~4 500尾。夏花放养前彻底清塘，严格消毒。由于鳜鱼以活饵为主，残饵和大量粪便对池塘水质影响较大，应搭养适量的大规格肥水鱼，用以控制池水的肥度，满足鳜鱼对清水和高溶氧量的要求。

（2）饵料要求。鳜鱼种的日常饵料要求比较严格，一要活、二要适口、三要无硬棘、四要供应及时。

①投喂量：鳜苗每日的饵料鱼摄入量与其体重、水温、溶氧量等有关。鳜鱼放养后，应定期抽样测定塘中鳜鱼的生长速度、成活率及存塘量，并以此为依据，同时参考气温变化等因素，按池养鳜鱼总量的 5%～10% 测算应投放饵料鱼的数量。也可根据检查鳜鱼池中剩余饵料鱼密度，推算出将要吃完的前 2～3 天，即需补充投放对鳜鱼平均规格适口（为鳜鱼体长 1/3～1/2）饵料鱼的数量，在投喂的饵料鱼总量中，要注意大小规格不同的饵料鱼配比，以供生长速度不一的鳜鱼选择适口饵料。表 4-9 为 25～100 毫米鳜鱼种的适口饵料鱼规格及日摄食量参考。该阶段鱼体已较大，其适口饵料种类范围也随之扩大，各种家鱼种夏花均可作为其饵料鱼。

表 4-9　25～100 毫米鳜鱼种的适口饵料鱼规格及日摄食量参考

全长（毫米）	适口饵料鱼规格（毫米）	每尾鳜鱼的日摄食量（尾）
25	15～20	3～4
27	15～22	3～4
33	20～25	4～6
40	20～30	4～8
50	25～35	4～6
60	25～45	3～6
80	35～55	3～6
100	40～65	3～6

②投喂间隔：饵料鱼采取 5 天投喂 1 次的方法为好，因为投放饵料鱼后 2~3 天内，饵料鱼的活动比较迟钝，有利于鳜鱼捕食，时间间隔太长，易造成鳜鱼捕食困难和增加体能消耗。另外，投放更多的饵料鱼，可增大池中溶解氧消耗，一方面增加了鱼池的实际承载力，另一方面池塘水体中的溶氧消耗增长过快，这对鳜鱼生长不利。

③饵料鱼的解决途径：培育鳜鱼种突出的问题就是需要大量的饵料鱼。解决的渠道通常有 4 个。

原池培育。利用鳜鱼鱼种原池培育，可解决鳜鱼种初期的饵料鱼。方法是在放养鳜鱼夏花 10~15 天，先分批放入鲂、鲢、鳙、草、鲮鱼等鱼苗，每公顷放养密度为 300 万~500 万尾，以肥水发塘，并每天泼洒豆浆，当饵料鱼规格长至 1.5 厘米左右时，正好为鳜鱼夏花下塘时的适口饵料。

配备饵料鱼培育池。以 1：（1~2）准备饵料鱼培育池，放养易繁殖、易捕获、鳜鱼又喜食的白鲫、鲢、鳙、草、鲮鱼等品种，每公顷放养 150 万~300 万尾夏花，其他池养的夏花品种按常规放养投放，然后以分期拉网、少量多次为原则，将适口规格的鱼种筛出投喂给鳜鱼。一般每半月拉网 1 次，每次 20~40 千克为宜，10 月上旬后不再拉网，最后一次（这时候气温已下降）可多捕出一些，保证鳜鱼饲养后期有充足饵料，又使饵料池中的鱼种后期生长良好。此法显示了养殖系统中各品种间的生态平衡和协调，提高了池塘养殖的经济效益。

培育小规格的家鱼鱼种。有计划地在 1 龄家鱼鱼种培育池中适当加大放养密度，在不同时期分批留大捕小取出一定数量的小规格鱼种投喂给鳜鱼。此法既可保证鳜鱼饵料鱼的供应，又可充分利用鱼池，提高鱼种池的效率。

利用野杂鱼。即因地制宜利用池塘中的野杂鱼，或是就近从大水体收购野杂鱼，这种方法可大大降低生产成本，提高池塘养殖效益。

（3）日常管理。坚持每天早、中、晚各巡塘 1 次，即早晨观察鱼类活动，看是否有浮头情况发生；午后查看水色、水质变化情况；傍晚观察、巡查鳜鱼摄食等情况是否正常。并定时测定水温、pH 值，做好记录。饲养鳜鱼的池塘，初期水位应浅一些，以 50~70 厘米水深为好，因为这时鱼体较小，活动能力较弱，低水位有利于提高池水温度，相对增加饵料鱼的密度。经过若干天生长以后，采取分期注水的方法，逐步提高池塘水位，以增加水中溶氧量和鱼的活动空间，一般每周注新水 2 次，每 2 周换水 1 次，保持水质清新，控制透明度在 40 厘米左右，具体注水的次数和每次注水量多少应根据实际情况而定。鳜鱼对酸性水质十分敏感，所以每隔一段时间施放生石灰水以调节 pH 值。鳜鱼不耐低氧，塘中最好配备增氧机。天气闷热时，坚持中午开机 1~2 个小时，凌晨 2—5 时开机 3 个小时左右，如遇雷暴雨天气或连续阴雨天气，应延长开机时间。保证溶氧量充足是提高鳜鱼种生长率和成活率的重要措施。在培育过程中，定期检查塘内饵料鱼密度变化，如发现塘内饵料鱼密度降低较快，应适当增加投喂量或投喂频率，反之则减少。还必须遵循无病早防、有病早治的原则，定期泼洒微生物制剂或药物，做好水质调控和灭菌杀虫工作。

（4）鳜鱼种的并塘越冬。秋末冬初，水温降至10℃左右时，即可开始并塘。并塘的主要目的是把不同规格的鳜鱼种进行分类、计数囤养，以便销售或放养。通过并塘，全面了解当年的鱼种生产情况，总结经验教训，提出下年度生产计划，并囤出鱼池及时清整，为来年生产做好准备。

鱼种并塘时应注意如下几点：一是鱼种并塘一般在水温10℃左右的晴天下进行。水温偏高时，鱼类活动能力强，耗氧量大，操作过程中鱼体易受伤；水温过低以及封冻和下雪天不宜并塘，以免鱼种因冻伤而发生死亡。二是拉网前半个月应逐渐控制池塘中饵料鱼的数量。拉网、捕鱼、选鱼、运输等操作应小心细致，避免鱼体受伤。成鱼池（或亲鱼池）套养的鳜鱼种可随成鱼的捕捞（或亲鱼池清塘）而及时并塘。在拉网时应特别注意防止缺氧造成鳜鱼种死亡。三是选择背风向阳、面积0.1~0.2公顷、水深2米以上的鱼池作为越冬池。规格10~15厘米的鳜鱼种每公顷可囤养4.5万~7.5万尾。

鳜鱼种并塘后仍应加强管理，使水质保持一定的肥度，并在塘中投放一定数量的饵料鱼供其摄食。在长江以北地区，严冬冰封季节长，还应采取增氧措施，防止鱼种池缺氧。

2. 网箱培育

利用网箱培育鳜鱼种与池塘培育方式相比较，具有成活率高、易起捕、投喂量易控制、管理方便、见效快等特点。网箱大小以6~20平方米为宜，小网箱用PE或其他材料做成，网目规格应根据鳜鱼夏花规格和饵料鱼大小而定。设置地点要求是避风、向阳、水面宽阔、有一定微流水的水域，水深 2.5 米以上，网箱的箱底距水底至少在 0.5 米以上。放养密度为每立方米 200~400 尾，具体放养密度视养殖水平、环境条件、饵料鱼来源等情况确定。

（1）饵料投喂。在饲养期间投喂的活饵料以鲢、鳙鱼为主，收购来的野杂鱼为辅。每 2 天投喂 1 次，日投喂量掌握在鳜鱼总重的 4%~6% 范围内。适口饵料鱼体长为鳜鱼体长的 30%~60%，规格过大往往会造成鳜鱼吞食不下、咬不断而被卡死，影响养殖成活率；饵料鱼过小，鳜鱼每天吞食数量太多，又会提高饵料成本。在投喂前，应对饵料鱼进行消毒处理。

（2）日常管理。鳜鱼下箱后，摄食量日渐增加，残饵和粪便等排泄物也随之增多，加之网箱网目较小，容易造成网箱网目堵塞较为严重，每 2 天用塑料板刷刷洗 1 次，使网箱内外水体正常交换，保持网箱内水质清新。在洗刷的同时，仔细观察网衣是否破损，一旦发现网箱有破洞应立即补好，避免逃鱼损失。每 15~20 天进行一次药物消毒，预防病害发生。

3. 鳜鱼驯养

鳜鱼在自然状态下摄食行为受光线强度、温度高低等因素影响较大，摄食行为多表现为昼夜节律性变化。据观察，一般在黄昏摄食活动较强，白天摄食活动较弱，其摄食行为具有一种条件反射式的生理特征，在应激情况下或通过人为驯化可以在一定程度上加以改变。因此，可以通过一定时间和手段的驯化使其摄食死饵或配合饲料。然而，投喂时间一旦选定或经驯化后已经形成的定时摄食行为，则不宜经常变动，以免扰乱养殖对象已经形成的摄食节律。

从 20 世纪 90 年代开始，部分鳜鱼养殖单位开始进行鳜鱼驯食试验，以选择体质健壮、体长 2.5~3 厘米的翘嘴鳜，进行网箱驯养效果为好。驯养鳜鱼摄食死饵或人工配合饲料，不仅减少了活饵料鱼的投喂量，而且降低了生产成本。

(1) 驯食方法。鳜鱼种投放当天即投喂饵料鱼，前 3 天投喂足量的全活饵料鱼，从第四天开始，逐渐减少投喂量，以驯化鳜鱼形成快速准确的摄食反应，此过程约需 7 天时间。此后可在投喂活饵料鱼时搭配一些死饵料鱼投喂，投喂前，开动水泵，使网箱内水体形成水流，再少量试投饵料，待鳜鱼浮上水面吃食时，再大量投喂，由于饵料鱼随水流上下浮动，可被鳜鱼抢食。但水流速度太大或太小都不利于鳜鱼摄食，应尽量调整水泵直至网箱内水流速度为 0.4~0.7 米/秒，可有效促进鳜鱼对死饵料鱼的摄食。驯食开始时应在昏暗的条件下，有意识地降低鳜鱼视觉的分辨度，反复进行多次，建立条件反射，之后恢复正常的视觉条件，鳜鱼就能正常地摄食死鱼了。随着驯食的进展，死饵料鱼的比例可由投喂初期占饵料鱼的 10% 开始上升，直至全部投喂死饵为止。在驯食过程中，投喂量应视天气、水温、鳜鱼摄食情况等因素酌情调整。凡进行鳜鱼驯食的网箱，应适当增加鳜鱼苗种的放养密度，增大鳜鱼与食物相遇的机率，以利于驯化。

(2) 驯化程序。饵料投喂的顺序为：从死鱼过渡到加引诱剂的人工配合饲料，最后全部改投人工配合饲料，使鳜鱼的味感和视觉逐步适应人工配合饲料。

摄食信号的建立：在每次投喂之前，给一个摄食信号，建立条件反射，使鳜鱼在摄食之前产生集群现象。网箱中的鳜鱼种一般分布比较均匀，鳜鱼先以伏击方式捕食，采取特定的投喂技术后，鳜鱼由伏击式转为伏击追击式，最后形成集群抢食。这时，就可开始进行群体驯化。驯化过程为：鳜鱼从伏击活饵过渡到集群抢食活饵，建立起良好的摄食反应后，逐步减少活饵的投喂量，增加死饵料鱼或鱼块投喂比例，在鳜鱼能充分饱食死饵料鱼或鱼块之后，再改喂添加了诱食剂的人工颗粒饲料，然后逐渐减少引诱剂的含量，最后使之完全适应人工配合饲料。驯食投喂时间可安排在晚上 7—8 时进行，整个驯食过程需 7~10 天。配合饲料的原料要经超微粉碎，能通过 80 目筛。各种原料配好后，加 25%~40% 的水调匀，再进行制粒加工。配合饲料的形状以长条状为宜，长和宽（直径）之比为 2∶1 或 3∶1。在驯化 2.5~3 厘米的鳜鱼夏花时，人工配合饲料的直径为 3 毫米、长度为 6~8 毫米。随着鳜鱼种的生长，配合饲料的颗粒也应随之增大。

4. 鳜鱼与家鱼夏花结合培育

为使鳜鱼夏花一下塘就有足量的饵料鱼供其摄食，有不少生产单位直接利用家鱼繁殖在前与鳜鱼繁殖在后的时间差，先在池塘中放养家鱼苗发塘 15 天左右，然后将环道中培育的鳜鱼夏花移入池塘，以后的培育是将鳜鱼种与家鱼种培育结合起来进行。一般每公顷放养鲢、鳙鱼苗 450 万~750 万尾，放养鳜鱼 15 000~30 000 尾。鲢、鳙鱼苗除供鳜鱼夏花摄食外，一部分被培育成大规格鱼种。

实践证明，这种培育方法可让鳜鱼夏花一下塘后，就能摄食到充足的饵料鱼，人为地为鳜鱼创造了一个迅速生长的阶段，其效果良好。

5. 套养

包括成鱼池和亲鱼池套养两种方式。放养时间一般在每年6—7月，套养2.5~3.5厘米规格的鳜鱼夏花，每公顷放养密度为3 000~6 000尾。套养池平常一般不需专门投喂，利用成鱼池或亲鱼池中的野杂鱼就行了。因而在夏花放养前，应对池塘中野杂鱼的数量做一次调查检测，如果塘内野杂鱼数量较多，则放养量可适当加大。在饲养过程中，必须注意三点：一是套养池内不宜再套养其他品种夏花，以防止小规格鱼种被其吞食。二是鳜鱼对药物较为敏感，稍有不慎就可能引起鳜鱼种全军覆没。因此，在使用鱼药时，要选择使用，并要精确地计算药物的使用量，尤其是在高温季节，更要谨慎用药，通常采用低剂量或者停止使用。三是鳜鱼对溶氧量的要求比家鱼高，容易发生浮头，因而套养池的水质不宜过肥，特别是以肥水鱼为主的成鱼塘更要注意。因此，定期加注新水，保持池水清新、溶氧量充足也是套养成败的关键措施之一。

6. 拦养

利用小型河沟中野杂鱼较多，水质、溶解氧条件比池塘优越等特点，在小型河沟的适宜地段用网截一段水面，放养一定数量的鳜鱼夏花，既可利用河沟中的野杂鱼，又可获得经济价值高的鳜鱼，一般每公顷放养3 000~5 000尾。

以上这些方式的饲养管理基本与专池培育相似。

（三）饵料鱼的培育

鳜鱼在以前零星养殖时，主要是利用野生小杂鱼为饵料，随着鳜鱼市场需求的逐年增长，以及受野生小杂鱼自然资源存量的约束，在数量和质量上均不能适应鳜鱼标准化、规模化养殖的需要，人工培育饵料鱼已成为规模化养殖鳜鱼的一个重要环节。

鲮鱼苗是鳜鱼养殖过程中使用较多的一种饵料鱼，与其他家鱼苗或者野杂鱼相比，鲮鱼有食性杂、耐密养、抗病力强、体外无硬棘、个体小、群体产量高等优点，是鳜鱼等肉食性鱼类的优选饵料鱼。

鲮鱼苗的专池培育过程可分为以下几点。

1. 池塘条件

选择东西走向，避风向阳，水源较好，进、排水方便的池塘，水面以5~15亩为宜，水深1~1.5米，每3~5亩水面配置1台超级叶轮增氧机，喂食区域每4~6平方米配置微孔增氧盘1个。

2. 清塘

（1）晒塘、冻塘。有条件的尽可能晒塘一段时间，让底泥干裂，充分氧化；如在冬季，还可抽干池水，翻晒、冷冻池底，可有效提高杀灭有害生物的效果。

（2）清野。清野的主要目的就是杀死池塘中的野杂鱼、螺等，新塘宜采用茶籽饼，肥塘、螺多的塘口，需要杀螺可采用氯硝柳胺，只杀野杂鱼的可用茶籽饼或者生石灰等。

（3）消毒。对于塘底淤泥有机物污染严重的池塘建议清淤和消毒，可用漂白粉 10~20 千克/亩，或强氯精、二氧化氯等，杀死塘底病原菌。使用消毒剂后，应使用生物制剂或硫代硫酸钠解毒。严格把握消毒时间，并与培水、放苗时间衔接好。

（4）碱化。生石灰可以碱化土壤，稳定水质，还有部分杀菌功能。利用生石灰干法清塘时，先进水 10~20 厘米深，在池塘四周和中间均匀挖几个小洞，将生石灰加水溶解，并趁热向周围均匀泼洒，生石灰用量为 100~150 千克/亩，最好翌日再用铁耙翻动底泥使石灰浆与底泥充分混合，这样不仅能够杀死野杂鱼、敌害生物和各种病原体，还能使底泥中休眠的浮游生物卵露出泥面得以萌发，加快浮游生物的繁殖和增加水体中钙离子含量碱化土壤，有利于饵料鱼的健康成长。

正确的清塘顺序：先杀（杀死野杂鱼和螺）、后消（消毒）、再碱化（生石灰）。

几种常见的清塘药物如下。

灭扫利：优点是便宜，杀野杂鱼效果突出；缺点是毒性大、药残时间长，且不能杀螺。

茶籽饼：优点是清除彻底，对野杂鱼、螺、病菌、寄生虫都有效，一般用量在 20 千克/亩·米左右，可达到杀灭效果，杀鱼药效期 3 天，且药残时间短，杀鱼后开启增氧机至水波无泡；缺点是成本高、费力、容易肥水，水质特别容易肥，淤泥过多的塘口不是很适用。茶籽饼与生石灰配合使用效果更好。

生石灰、漂白粉、强氯精等：这几种药物清塘一般不彻底，除非用量特别大。

3. 池塘解毒

养殖水体解毒一般在放苗前一天进行。

鱼苗对毒性物质特别敏感，因此对水体解毒很有必要，同时解毒要正确。很多人存在一个认识误区，把有机酸当做万能解毒剂，这是不正确的。解毒要有针对性，也可多种解毒方式结合，下面就几种常见毒进行分析。

（1）菊酯类（如灭扫利）。使用强氧化性药物解毒，可以考虑过硫酸氢钾和高铁酸盐。

（2）重金属和藻毒素。使用多元有机酸解毒。

（3）卤素类（如漂白粉和强氯精）。使用硫代硫酸钠（大苏打）解毒。

4. 培水

鳜鱼属杂食性偏植食性，前期主要以水体中的微生物（尤其是藻类）为食。因此，为了保证鱼苗能够很好地摄食，提高鱼苗成活率，需要培育良好藻相的水质，培水方法需要根据自身条件灵活运用。

（1）进水。一般一次性进水 0.6~0.8 米深，进水时必须用密网过滤，防止各种敌害生物进入。建议首先进老水（如邻近养鱼塘的老水），因为老水一般比较稳定，水质指标相对正常，温度相对较高，这在早期发鱼花时显得尤为关键，老水新用可以做到水质不老有活力。放苗后缓慢加水至 1.2 米深左右，起到增氧、活水、防止气泡病的作用。

（2）验水。放苗前检测水质，对于 pH 值过高的池塘，轻微的可用"发酵乳酸菌+腐植酸钠"处理，严重的可考虑杀藻或者使用降碱药；对于氨氮过高的池塘，在前期 3~4 个月特别常见，引发原因也较多，处理难度比较大，需要有针对性的处理；对于亚硝酸盐过高的池塘使用"硝化细菌"即可。

（3）培水。对于塘底淤泥多，高温晴天的情况，建议解毒稳水就好，可用"有机酸+腐植酸钠"，因为一般进水后水质会快速肥起来的，无需再次肥水。

对于塘底淤泥少的新塘，建议使用"茶籽饼"清塘，顺便肥水，或使用发酵后的有机肥，或使用发酵好的鸡粪装袋泡水，然后配合使用一些全价无机肥和藻种（有机肥最好经过发酵处理，不可直接放塘；无机肥要求营养全面，单一营养的无机肥培出的水质不稳定；藻种以小球藻和硅藻为佳）。

此外，还有一个很好的传统方式是堆青草堆培水，稳水作用极佳，且水质清爽，利于培养各种微生物如轮虫和枝角类，供鱼苗摄食，减少饵料投喂；也可极大的减少气泡病的发生概率和危害。如水中浮游植物过盛，可换水或做其他处理。

关于堆青草堆肥水的几点要求：第一，要青草，不能是枯草；第二，选择的草尽量是长条形的，短草效果稍差；第三，要捆成一捆放入池塘，不然会在池塘到处飘散，不利于管理；第四，定期翻一翻草堆；第五，腐烂后要及时捞出和更换。

5. 放苗技术

（1）密度。一般密度为 200 万~500 万尾/亩，前期密度低、后期密度高，存塘量大时必须及时疏稀或者分塘，高温时期一般鲮鱼苗经过 12~18 天饲养可长到 5 000~1 000 尾/斤

（1 斤 = 500 克）。

（2）选苗。数量要足，在苗场拿苗时不要带水操作，应该拿到水面上锻炼鱼花；质量要好，选苗时遵循"三看"原则，一看苗场口碑及客户养殖情况；二看育苗池水质情况，水面泡沫小而白为好，大且黄为差，摸水滑而黏、闻水有臭味为差；三看鱼苗本身，鱼苗逆流顶水能力要强，且无白苗死苗。另外，早期的苗因为鱼卵不够成熟，鱼苗质量较差，须慎重考虑；同时，嫩苗实际数量多但成活率低，老苗实际数量少但成活率相对较高。

（3）放苗。放苗时环境变化大，应激强烈，应按以下方法解决。

①提供舒适的运输环境：如充氧气，路途遥远再加氧气袋，有条件最好直接在车上使用多糖、多维增强体质预防应激。

②试苗：放苗前拿一些鱼苗来试水，在池塘固定一个密网兜把苗放在水下 30~50 厘米水深处（有条件的最好在上、中、下层均试水），不要装水到阴凉处试苗（这种方法只能试出水体是否有毒性，并不知道鱼苗能否适应水体变化带来的应激等）。如果是高温期水绿的水质，一定要试一试鱼苗对碱性的抗应激能力。有条件的最好在试苗 3 小时、6 小时和 12 小时镜检鱼苗肠道饱满情况，主要看鱼苗有没有摄食，饱满为好，如果肠道积水说明鱼苗没有摄食，需要处理后再放苗，比如重新培养轮虫等微生物。

③防应激：不建议高温放苗，因为高温期池塘水温一般会比苗场水温高，温差易造成应激，因此即使要在高温期放

苗,最好也在早晚放。另外,避免在寒潮来临和大风、大雨时放苗;池塘水质尽量保持与苗场水质相近;最好在放苗前0.5~1小时使用多维和多糖、鱼用维生素C等全池泼洒防止应激,让鱼苗快速适应新环境,同时有充足的能量维持其生存,很多鱼苗都是在前期因体质差、抗病能力差而死亡。

6. 投喂

鲮鱼苗前期主要以水体中的微生物如藻类和轮虫为食,因此池塘培水是关键,对于比较瘦的水质,放苗后投喂一些开口料或者提早喂料很有必要,否则鱼苗容易长得慢甚至饿死,如果遇到剧烈的天气和水体变化也很容易死掉,开口料不求蛋白质含量有多高,但一定要吸收利用率高,达到补充能量增强体质的目的就好,如第二至第四天投喂专门的开口饵料、破壁酵母、多糖等;水质较肥的水体中藻相较好,不必急着投喂,3天后开始摄食水体中的轮虫,此时再配合投喂"超微配合饲料",其溶水性及吸收利用率较好,且蛋白质含量也较高。而黄粉虽然价格便宜,但溶水性及吸收利用率较差,同时蛋白质含量又低,因此不建议使用。生产中偏向专用配合饲料或用"酵母+乳酸菌+花生麸"发酵后投喂。5天后鱼苗可以摄食枝角类,此时可以配合投喂专门的鱼花开口料,并开始定点在微孔增氧处投喂。

在投喂时间方面,高温晴天选择上午8—9时,下午5—6时投喂;低温阴天选择上午10—11时、下午3—4时投喂。投喂时将饲料泡水沿池边2米均匀投喂,投喂量根据池塘水质和天气情况确定,一般每2~3天适量增加投喂量。水肥、天气差少喂,反之亦然。

在低温期和持续阴雨天，鱼苗摄食差、生长慢的问题，也是导致前期发鱼花难成功的一个很大原因。抵御寒冷最好的方式除了加温就是补充能量，而补充能量最好的办法是鱼花通过摄食代谢产生能量，所以保证鱼苗摄食才是根本，其次才是人为补充如糖水、多糖、多维或溶水性好的高能量饲料（一般冬季饲料为高能量饲料或者增用抗应激调水生物制剂），这样可以有效保证鱼苗拥有足够的能量和较好的体质，应对恶劣环境，从而可以有效地提高鱼苗存活率。

7. 管理

（1）防天敌。天敌对鱼苗的影响很大，尤其是蝌蚪、水生昆虫等，不得不防，其中在池塘边围网是一个很好的方法，有些还在池塘里面也围一个小网，鱼苗暂养几天再放入池塘，效果很好。另外，对于各种水生昆虫较多的池塘，在放苗前一天要记得先杀虫，放苗后可以使用灯光诱捕，这样可以比较有效的防止天敌对鱼苗的影响。

（2）增加溶氧量。鱼苗一般很少缺氧，但不代表不会缺氧。增氧机不仅仅是用来增氧，还可以用来曝气和活水，这对于发鱼花很关键。建议叶轮增氧机和微孔增氧配合使用，效果很好，可有效调水、防止气泡病，鼓风机在此时反而没多大作用。放苗前一天及放苗后 2 天需 24 小时开启增氧机，一般情况下，下午 1—3 时开启增氧机，微孔增氧则 24 小时开启。如遇雷暴雨天气或者连续阴雨天气要延长增氧机开启时间，避开暴雨时不开，过后再开 1~2 小时。

（3）看天气。不要在晴天高温时放苗，阴雨天气多增氧，持续晴天的下午注意防治气泡病，下午一定要下风口巡塘观察，持续阴雨天鱼苗进食少、体质差、抗寒抗病能力差，需要额外补充能量增强体质来保苗。持续阴雨天后突然晴天时需格外注意，此时气泡病暴发导致鱼苗大面积死亡非常常见，遇到这种情况建议根据水质情况做相应处理，如水浓碱性高建议直接降碱，配合稳水。

（4）看水色。每天检查水质，查看藻相变化，及时采取相应措施。

①蓝藻暴发：如果以微囊藻为主，建议用芽孢杆菌、EM菌、腐植酸钠处理；如果以颤藻和螺旋藻为主，处理难度较大，建议多解毒、少量多次氧化底改。

②水发红，"水蛛"多：有时在放苗后几天可见该情况，会引起鱼苗浮头缺氧，轻微时通过停料增氧，一般2~3天即可好转；严重时要杀灭水蛛，但因为鱼苗太小，常见的杀灭药物多为菊酯类，在鱼苗期使用不安全，要慎重，否则鱼苗很可能因为缺氧而大面积死亡。

③亚硝酸盐偏高：部分池塘在放苗10~15天会存在亚硝酸盐偏高的现象，一般维持5天左右后又降低，主要是水体中的菌相和藻相不平衡导致，关键看鱼有无中毒症状，是否出现靠边、死亡现象。

（5）看苗情。放苗后1小时之内观察鱼苗是否全部散开；水浓绿的塘，要多注意天气，如果大晴天，下午就要多观察鱼苗是否患气泡病，及时发现及时防治，减少损失；放苗后8~15天注意寄生虫病，主要症状为鱼苗黑身、瘦身、靠边、乱窜、扎堆或者离群独游，如发现这些症状需要及时检测处理。

（6）分批次。培育期间，应根据鳜鱼的不同规格和对饵料鱼的需求量，分批次、按计划、定塘口，培育不同规格的饵料鱼，从而满足鳜鱼的摄食供给。饵料鱼规格过大或过小都是不可取的。

（7）捕捞。一般鲮鱼苗培育 12~15 天，即可根据其规格确定捕捞疏稀，为鳜鱼按时、定量提供适口的饵料鱼。开始捕捞时，可在捕捞前半小时于投喂点用少量饵料诱捕。

（8）塘口记录。严格建立生产日志制度、科学用药制度、水源环境监控制度和水产养殖塘口生产记录（包括清塘、培水方法，投入品的名称、来源，换水、增氧方法，主要水质指标等）、鱼药使用记录（包括微生态制剂、水质调节剂、解毒、防病治病药物名称、来源、用法、用量和使用、停用日期等全部内容）、日常管理记录等。

三、鳜鱼苗种运输技术

鳜鱼苗种运输是养鳜生产过程中不可缺少的重要环节，一般情况下，以运输 0.8~15 厘米的鳜鱼种为常见，其运输技术主要包括运输前的准备工作、运输方法和运输后的技术处理等方面。

（一）运输前的准备工作

鳜鱼苗种运输前的准备工作，除做好运输工具准备外，还应做好拉网锻炼、控制投喂等工作，操作时还应细心轻快，以免损伤鱼种。

1. 控制投喂

鳜鱼鱼种在运输前一天应不投喂饵料鱼，或运输前4~5小时拉网密集，让其吐食，目的是使鳜鱼种在运输过程中减少粪便污染水质和因消化食物而过多地消耗水中溶解氧，以提高运输成活率。

2. 拉网锻炼

大规格鳜鱼种在出售前应进行一次拉网锻炼，目的是增强幼鱼体质，因为拉网使鱼受惊，增加运动量，使肌肉结实。同时，在密集过程中促使幼鱼分泌黏液和排出粪便，增加对缺氧的耐受力，还可避免在运输过程中大量黏液和粪便污染水质。另外，拉网还可以除去野杂鱼，消灭水生昆虫，准确估计鱼种数量。

3. 防止鱼体机械性损伤

鳜鱼是栉鳞鱼，受伤后不易恢复，特别是背鳍和尾部受伤后死亡率极高，因此在运输过程的一系列操作（起鱼、过数、装袋、运输、消毒、下塘）中应力求做到动作轻快，减少鳜鱼体表损伤。

4. 鳜鱼种的选择

选择体质健壮的鳜鱼鱼种，是提高运输成活率的前提条件。身体瘦弱、游动不活泼、鱼体鳍条上拖带污泥，或受伤有病的鱼种，尤其是有寄生虫发病塘口的鱼种，坚决不能运输，否则成活率很低。运输前必须进行镜检，如果发现有寄生虫等疾病存在，应及时用药，待鱼种体质恢复后再拉网出售。

（二）鳜鱼苗种的运输

鳜鱼苗种比较娇嫩，运输条件要求较高。其运输应视规格、数量和距离远近，选取不同的装载容器、运输工具和相应的运输方法。运输方法可分为封闭式、开放式和特殊方式运输三种类型。

1. 封闭式运输

封闭式运输法是将鳜鱼种和水置于密闭充氧的容器或氧气袋中进行运输。

（1）运输方法。用塑料（橡胶）袋充氧运输。用于装运鳜鱼种的氧气袋有圆桶形、正立方体等形状，规格各异，常用塑料袋规格为长0.7~0.9米，宽0.4米，或加工为0.4米×0.4米×0.4米的立方体氧气袋，在一面正中央粘制直径为15厘米小口径充氧口，长25~30厘米，便于装鱼和扎袋。

鳜鱼耗氧量高，装运密度应显著小于同规格家鱼数量。每只氧气袋注水8~10升，5厘米以下规格的装鱼密度视气温高低、运输时间长短而确定。一般40厘米×70厘米规格的氧气袋，每袋装运鳜鱼苗不超过2万尾，装0.8~3厘米的鳜鱼夏花600~1 500尾，装5厘米左右的鳜鱼种100~200尾，运输时间4~8小时。装运时间越长，密度应相对减小。用氧气袋运输时，应避免高温，防止阳光直射，最好使用保温车或空调车，以免影响成活率。

空运一般以氧气袋装箱运输为好，每只氧气袋装鱼数量略低于常规运输量，充氧量以袋口扎紧后，手摸氧气袋有一定的弹性为宜，不宜充氧过足以防爆袋。高温天气运输时，可将氧气袋放入带有冰块的泡沫塑料箱内，冰块用塑料袋盛后扎牢袋口，每箱加冰 1.5~2 千克，用透明胶带封好箱口装运。空运时应注意：一是须根据航班、天气合理安排拉网、装鱼时间，气温骤变时不宜安排装运；二是鳜鱼种在装袋前，应置于静水充气状态下于网箱中暂养 3~4 小时，使鱼种代谢物排出，尽可能确保运输途中氧气袋中水质良好；三是鱼种到达对方机场后，应马上检查袋内鱼种活动情况，如发现异常现象，宜在机场立即开袋重新换水充氧再运，以利于提高空运鱼种成活率。

（2）封闭式运输的优缺点。

①封闭式鳜鱼种运输的优点：运输容器体积小、重量轻，携带、运输方便；单位水体中运输鱼种的密度大；管理方便，劳动强度低；鱼种在运输途中相互干扰少，体表不易受伤，运输成活率高。

②封闭式鳜鱼种运输的缺点：大规模运输鱼种较困难；鳜鱼吻尖突、背鳍硬棘发达，而目前绝大多数还采用塑料袋作为运输容器，易破损，运输途中如发现问题（如漏气、漏水）则不易及时抢救；运输时间一般不宜过长。

2. 开放式运输

开放式运输是将鳜鱼种和水置于敞口式容器（如塑料水箱、铁皮箱、帆布袋、鱼桶）中进行运输。

（1）运输方法。

①水箱充氧运输：水箱形状可根据运输需要，加工成长方体或圆桶形，敞口。材料可选用聚乙烯、白铁皮等。长方

体常见规格为宽 2 米、长 2~4 米、高 1.2 米（注水深度 0.8~1.0 米），大型水箱中间须分成小格，间隔宽度 0.9~1 米，一般不超过 1 米，这样可以降低由于运动状态下产生的水体波动程度，从而达到减少鱼体相互擦伤的目的。每一水箱底部设置一根氧气管，在氧气管上每隔 15 厘米用大号缝针刺一细孔，氧气管呈 S 形排列固定，管与管之间距离为 15~20 厘米。每只水箱的氧气管与总管相联接，然后接上氧气表和氧气瓶，或将氧气管与氧气瓶控制阀相接。每辆车配备 2~5 瓶氧气，或根据鱼种装运数量和运输时间确定携带氧气瓶数量。准备工作就绪后，可以加水装鱼，同时每加 1 吨水投放食盐 1~2 千克，可有效控制运输途中由于鳜鱼种排出的粪便和代谢物污染水质。

1 龄鳜鱼种运输，短距离时可用广口容器（如铁皮箱、帆布袋、鱼桶等）装水运输，中、长距离应用活水车装运，并在单个水箱中设置分层网箱，降低鳜鱼埋底集群挤压时的密度，以利于减少相互刺伤。

②鱼篓充氧运输：用圆钢或角钢焊接成长、宽各 2 米，高 1 米的鱼篓架，内装维纶有机帆布制成的载鱼容器，固定架的主要部位用胶布或塑料、布条包扎，防止把鱼篓磨坏。在篓口边缘设多个圆孔，以便于将鱼篓固定在架内，并在篓底一侧留一处直径 10 厘米、长 50~60 厘米的放水孔。四角设置缝有 50 厘米网纲的网箱，固定在鱼篓内。一般用卡车运输，根据车箱大小和运输量，每车可装鱼篓 4~5 只。根据运距、运输工具和运鱼数量，准备 10 个大气压的氧气瓶 1~3 只。配备氧气气压表及 5~8 米长的氧气管和必要的开闭阀工

具等，每个鱼篓装有一根充氧软管连接氧气瓶，水中充氧设备调试好后，再装入鳜鱼夏花或鱼种。装鱼密度视水温、运输距离和鱼的规格灵活掌握。鱼种一般在冬、春水温低时装运，密度可达每篓 1 万尾左右；夏花运输在高温时进行，每篓控制在 5 000 尾以内。鱼在鱼篓中下沉后，把水面漂浮的黏液、体弱鱼和污物捞出，以防污染水质。

（2）开放式运输的优缺点。

①开放式活鱼运输的优点：简单易行；可随时检查鱼的活动情况，发现问题可随时采取换水和增氧等措施；运输成本低，运输量大；运输容器可反复使用或同车多种规格装运。

②开放式活鱼运输的缺点：用水量大；操作较劳累，劳动强度大；鱼体容易受伤，一般装运密度比封闭式运输低。

3. 特殊运输方式

（1）短途无水湿法运输。利用鱼的皮肤具有一定的呼吸作用，能在潮湿的空气中生存一定时间这一生理现象，可以进行无水湿法运输，即鱼种不需盛放于水中，只需维持潮湿的环境，使鱼的皮肤和鳃部保持湿润便可运输。运输时用对鱼体淋水或用水草分层等方法维持一个潮湿的环境，避免水分大量蒸发而造成的干燥，使鱼能借助皮肤呼吸作用生存一段时间，从而达到运输的目的，此法应以低温、短途运输为宜，气温在 20℃左右，运输时间控制在半小时以内，成活率高达 90%以上。

（2）麻醉运输法。用麻醉剂或镇静剂在水中配成一定浓度，使鳜鱼种在运输过程中处于昏迷或安定状态。此时，鱼的呼吸频率大大下降，活动量减弱，鱼不易受伤，代谢程度和耗氧量降低，因而有利于运输。但目前麻醉运输的效果还不稳定，技术上还有待完善。其主要原因：一是麻醉剂种类不同，对不同规格的鱼种麻醉程度不同，其麻醉效果受水温、水质、鱼体规格影响较大。因此，在运输前就必须事先做好试验，以确定某一麻醉剂对某一规格的鱼种在某一水温的最适剂量。二是许多麻醉剂对鱼的肝脏有损害作用。三是麻醉剂使鱼呈昏迷状态，鱼种运达后需要有一个正常复苏阶段，故麻醉后维持时间不能过长，否则易造成鱼呼吸衰竭而影响鱼的复苏造成死亡。四是麻醉剂价格也较昂贵。因此，麻醉运输还需进一步试验研究。

现介绍几种麻醉剂和镇静剂。

①巴比妥钠：将鱼放入 10~15 毫克/升巴比妥钠溶液中运输，在水温 10℃时，能使鱼麻醉 10 多个小时。麻醉后的鱼种仅鳃盖缓慢开闭，浅度呼吸为正常，下水后 5~10 分钟即复苏。

②"MS-222"（烷基磺酸盐间位氨基苯甲酸乙醋）：为镇静剂。将鱼种放入 20~40 毫克/升 "MS-222" 溶液中，配制浓度视温度、运输密度可适当增减，30 分钟后鱼的呼吸频率明显下降，对外界的刺激反应迟钝。在水温为 22~25℃时，运输 10 小时以上，放入水中 3~5 分钟后鱼恢复正常。

另外，奎那定（0.000 5%浓度）和乌来坦（0.1%~0.4%浓度）两者均可麻醉大规格鱼种进行运输。

（3）降温运输法。每年 6 月下旬至 7 月上旬，气温相对较高，给鱼种运输带来不便，但为方便生产，可选择降温运输。将装有鱼种的氧气袋放在盛有水的大容器（如水箱或帆布袋）内，让氧气袋浮于水面。这样既可防止氧气袋在运输途中剧烈颠簸，也可使鱼在袋内保持正常的姿势，又可在水箱中加冰，并在运输中继续用冰块保持低温，使大容器内的水温低于氧气袋内水温 5 ~ 8℃，以降低鱼种的代谢强度，减少其二氧化碳等的排泄量，从而达到提高运输成活率的目的。

4. 提高运输成活率的措施

针对运输鳜鱼死亡的原因进行分析，发现主要是水中二氧化碳（包括氨氮）过高，溶氧量降低，从而引起鱼类麻痹、中毒死亡。根据上述原因，生产中可采取相应措施解决。

（1）选择体质健壮的鱼种，做好鱼体锻炼工作。鱼体拖带污泥，游泳不活泼，或多畸形的鱼种，以及身体瘦弱、患病、受伤的鱼种均不能运输，否则成活率很低。夏花和 1 龄鱼种在运输前必须做好鱼体的拉网锻炼或暂养吐食，以减少排泄物和提高对缺氧的忍耐力。

（2）选取良好的运输用水。运输用水应水质清新，溶氧量高，含有机物少，无毒无臭。同时，在运输重量允许的前提下，适当增加运输用水量，相对降低水体中二氧化碳的浓度。封闭式运输时，氧气袋内加水量不能低于袋总容积的 2/5，尽量多加一些，但加水量不要超过袋总容量的 1/2。

（3）改塑料袋为橡胶袋加水充氧密封运输。为防止塑料袋破裂，可定制立方体橡胶氧气袋，顶面用透明塑料与橡胶粘合，这样既可解决塑料袋易破损及无法反复使用的问题，又可及时观察到袋内鳜鱼种的活动情况，氧气袋平放于专用硬纸箱内托运，目前空运鳜鱼种等已采用此法。

（4）保持合适的运输密度。鳜鱼鱼种的运输，因运输时间、温度、鱼体大小和运输工具不一，其装运密度差异很大。通常气温低、运输时间短，运输密度可适当大些。反之，运输密度则减少。用水箱、帆布篓的运输密度可参考表4-10。

表4-10　鳜鱼夏花和冬片鱼种装运密度参考

规格（厘米）	温度（℃）	密度（尾/立方米）	时间（小时）
3.0以下	25~30	5 000~7 000	4~10
3~5	25~30	4 000~6 000	4~10
8~10	20~25	2 000~3 000	4~8
8~10	10~15	3 000~5 000	4~6
10~15	10~15	1 000~1 500	4~8

（5）运输途中的管理。用水箱、鱼篓运输鳜鱼种，必须有专业人员在车上，并配备适量增氧剂，管理员随时注意观察鱼的活动情况，及时调节充氧阀门，除去水面漂浮的粪便、残渣及死鱼。途中如发现鱼种浮头需换水时，水质一定要清新，防止换入污染或太肥的水，水温相差5℃以上的水不能大量换入，换水量一般为1/3~1/2。换水操作应仔细，防止鱼体受伤。在途中因换水、增氧不便而使鱼种出现异常时，可在水中加入一定的药物，以抑制水中的细菌活动，减轻污物的腐败分解。常用的有硫酸铜（浓度0.7毫克/升）、氯化钠（浓度3%）和青霉素（每篓10 000单位）。为避免长时间停车或预防意外发生，可施用增氧剂应急，或通过拍打帆布篓增加溶氧量，提高成活率。

（三）运输后的技术处理

1. 温差调节

无论采用哪种运输方法，鱼种到达目的地后，应做好温度调节和降低鱼体血液内的二氧化碳浓度后才能放养。这对长途运输的鱼种尤为重要，否则将前功尽弃。封闭式运输时，先将氧气袋放入待放养的池内，当袋内水温与池塘水温一致后（约15分钟）再将袋口打开，把鱼放入网箱内，并保持箱内水流通畅，待鱼体恢复正常后迅速下塘。

2. 鱼种消毒

鳜鱼经过长途运输，或多或少都会受一点损伤，且鱼体受伤后易继发水霉病，所以在放养前应对所有鳜鱼进行消毒，可用3%~4%食盐水浸洗3~5分钟，能有效防治鳜鱼继发感染。

四、商品鳜养殖

商品鳜养殖是把体长约3厘米及以上规格的鳜鱼种饲养成体重500克以上的商品鱼。这一过程所需时间为150~180天，最快80天，就可达到商品鱼规格。饲养时间的长短，取决于饵料鱼是否充足适口，水质是否良好，管理是否规范科学。近年来，我国鳜养殖业发展迅速，主要以池塘养殖为主，养殖形式有主养、混（套）养、轮养和网箱养殖等。

（一）主养

池塘主养鳜鱼分夏花当年直接养成商品鱼和 1 龄鱼种养成商品鱼。由于主养能够按照鳜鱼的生物学特性和生长要求进行养殖设计和科学管理，成活率高，产量高，经济效益高，产品上市率高，对供应市场和提供出口有利，是目前华南、华中地区的主要养殖方式。

1. 池塘条件

主养鳜鱼的池塘要求靠近水源，水质符合渔业用水标准，灌排方便，无污水流入。每口池塘面积不宜过大，以 0.4 ~ 0.6 公顷为宜，以便于管理。池塘水深 1.5 ~ 2 米，池底平坦，淤泥少，沙质底更好。放养鱼种前，必须进行清整，挖去过多的淤泥，用生石灰彻底清塘消毒，杀灭各类敌害生物及病原体，以减少养殖期间病害的发生。池塘清整以后，应在池塘四周种植一些水生植物，如金鱼藻、轮叶黑藻、马来眼子菜等，也可在塘中放置少量柳树根须、浸泡过的网片等，供鲤鲫鱼产卵用。

2. 放养方法

利用鳜鱼夏花（3 厘米左右规格）直接养成商品鱼或先培育成大规格鱼种再放养的分步放养法两种，是目前普遍推广的一种养殖形式。

（1）直接放养法。直接放养 3 厘米左右的鳜鱼种下塘，直至养成商品鱼上市。此法适宜于小规模养殖。池塘按常规方法清塘消毒后，施放基肥培育浮游生物，然后每亩池塘放养 100 万~150 万尾刚孵化的鲮鱼等水花培育成饵料鱼苗。培育 10~15 天，饵料鱼苗长到 1.5~2 厘米，先将池塘水排去一半，再灌进新水，使池水清爽，就可以放养约 3 厘米规格的鳜鱼苗。一般每公顷放养鳜鱼苗 13 500~18 000 尾。该法的优点是：放养初期饵料鱼苗丰富，鳜鱼生长快，操作简便，可充分利用水体。缺点是放养的鱼种规格小，成活率偏低，一般为 70%~80%，对池中存鱼的准确数量难以把握。

（2）分步放养法。先把规格约 3 厘米的鳜鱼苗培育成大规格鱼种，再过数放养到成鱼池。此法适宜规模养殖。先将鳜鱼夏花培育成体长 10~15 厘米、体重 50 克左右的大规格鱼种，再转入成鱼饲养阶段。用池塘培育大规格鱼种，具体做法与上述直接放养法相似，先培育饵料鱼，然后放养鳜鱼种。但鳜鱼种放养密度要比直接放养法大得多，每公顷放养规格 3 厘米的鳜鱼种 4 万~6 万尾，培育 40 天左右，大多数鳜鱼种可长成体重约 50 克的大规格鱼种，成活率可达 85%以上。

也可以用网箱培育大规格鱼种，设置在水质较好而又具备冲排水条件的池塘、河道和水库库湾。每平方米网箱放养规格 3 厘米的鳜鱼种 100~150 尾。每天向网箱内投喂相应规格的饵料鱼，投喂量为每尾鳜鱼种投喂 6~20 尾饵料鱼（占鳜鱼体重的 20%左右），饲养 40 天左右，培育出体重 50 克左右的大规格鱼种后，即可分疏放养到已培育好饵料鱼种的成鱼塘，一般每亩放养大规格鳜鱼种 800~1 000 尾，成活率为 95%左右。

（3）1龄鳜鱼种养成商品鱼。鳜鱼一般2冬龄达到商品鱼规格。在天然水域或池塘养殖条件下，1龄鳜鱼也能达到商品规格，这与气候条件、饲养方法等关系密切。我国南方地区气候较暖，鳜鱼生长期长，养鳜周期相应较短。但各地对鱼种规格的要求和养殖周期的确定，是根据多方面的因素决定的。

生产上也常用大规格1龄鳜鱼种，第二年养成商品鳜。以放养规格较为整齐（50~100克/尾）的鳜鱼种较好。一般每公顷放养7 500~10 500尾，宜在水温较低（6~10℃）的季节放养。此时，鳜的活动能力较弱，易捕捞，在操作中受伤程度小，可减少饲养期的发病和死亡率。鱼种放养应在晴天进行。严寒、风雪天气不宜放养，以免鱼种在捕捞和操作搬运中被冻伤或冻死。鱼种下塘前应坚持严格消毒。

3. 饵料投喂

鳜鱼的饵料投喂，主要包括品种、来源、规格及投喂方法等方面。在养殖生产中，这四个方面都必须符合要求，方能取得较好的养殖效益。

（1）饵料鱼品种。凡是没有硬棘的小鱼虾，均可作鳜鱼饵料。以选择体形细长、成本低廉、繁殖容易的品种为好。

（2）饵料鱼来源。池塘主养鳜鱼，密度较高，其不同生长阶段对饵料鱼的摄入量有一定差异。同时，随着个体的增长，饵料需求量更大，在实际生产中，应保持投喂量的连续性。饵料鱼来源一般可以通过养成池培育、配套池饲养、自然水域捕捞等途径加以解决，以确保日投喂量能较好地适应鳜鱼生长之需。

①养成池培育：前期饵料鱼培育，即在鳜鱼种放养 15~20 天，利用这段空间在池塘中培育前期饵料鱼。投放饵料鱼 750 万~1 200 万尾/公顷，以供鳜鱼前期摄食；为了降低饵料鱼成本，可考虑在鳜鱼池中混养一些繁殖快的饵料鱼亲本，如在条件许可的情况下，每公顷适时放罗非鱼 3 000~6 000 组或 2 龄鲫鱼 750 组，使其繁殖的后代作为活饵料供鳜鱼取食；也可用适度规格的稀网将池塘隔成两部分，一边养鳜鱼，一边养饵料鱼亲本，使其繁殖的幼鱼穿过稀网成为鳜鱼的食饵。饵料鱼亲本培育最好采用强化培育方法，促进亲体的性腺发育，增加产卵量，提高孵化率，为鳜鱼源源不断地提供适口饵料，促进鳜鱼的生长，从而获得比较理想的养殖效果。

②配套池培育：规模养鳜时，其饵料鱼的解决途径主要来源于专池培育。每养成一尾商品鳜鱼（125 克）需消耗饵料鱼苗 3 000~5 000 尾，重 1.25~1.5 千克。据测算，1 公顷鳜鱼单养池需配备 3 公顷饵料鱼池。可采取一次高密度放养，分批起捕，按需拉网的方法，保证饵料鱼与鳜鱼同步生长。对饵料鱼的生长规格，应采用调整密度和投喂量的方法来加以控制。

③购买：饵料鱼生产中，如遇发花率低、病害或灾害性天气等影响，应及时组织购买，确保饵料鱼供应的连续性，避免影响鳜鱼养殖。

（3）饵料鱼规格。应根据鳜鱼各个不同的生长阶段，投喂相应规格的饵料鱼。饲养不同规格的鳜鱼投喂饵料鱼种的相应规格如表 4-11 所示。鳜鱼对饵料鱼的种类、规格有严格的要求：一要活泼无病，二要大小适口，三要无硬棘，四要供应及时。

（4）投喂量。把体重 0.5 克的鳜鱼鱼种养至 100 克的商品鱼，每日投喂量由占体重的 70% 开始，逐步减少到 10%~12%。夏、秋季鳜鱼生长旺盛，应适当增加投喂量；冬季水温低，鳜鱼活动减弱，投喂量相应减少，并投喂与之相适应的饵料鱼。

（5）投喂技术。投喂次数一般应根据水温、鳜池饵料鱼密度、生长速度、天气等灵活掌握。在水温较高、鳜鱼快速生长期内，最好每 3~5 天投喂 1 次，使池塘中的饵料鱼苗经常保持一定的密度，保证鳜鱼每天都能吃饱，如因某种原因安排投喂时间间隔间太长，很容易造成鳜鱼暴食现象发生。9 月以后水温下降，鳜鱼生长速度减慢，摄食量减少，但在不超出池塘承受能力的前提下，尽量多投放饵料鱼，一般 5~10 天投放 1 次，随着温度降低，逐步改为半个月投喂 1 次，投喂量以维持水体内有一定的饵料鱼密度、增加鳜鱼的捕食机率为原则。为了保证投喂的饵料鱼规格适宜，投喂的饵料鱼规格应为鳜鱼体长的 1/10~1/5，同时要经常检查鳜鱼的摄食和生长情况，并兼顾鳜鱼生长的差异，所投饵料鱼中，适量搭配不同规格的饵料鱼，确保鳜鱼在饲养条件下，饵料充足、适口。如果饵料鱼规格过大，鳜鱼会无法捕食而影响正常生长或被卡死，且这些饵料鱼又会多占用池塘有限的水体；如果饵料鱼规格太小，鳜鱼要进食许多尾才吃饱，既消耗体力和时间，也影响生长，这时则应补充适量较大规格的饵料鱼让大规格的鳜鱼捕食。所投饵料鱼必须先进行消毒。

表 4-11　不同规格鳜鱼及其适口饵料鱼规格

鳜鱼		饵 料 鱼	
体长（厘米）	体重（克）	体长（厘米）	体重（克）
10.0	31.50	5.50	1.81
11.0	37.34	6.00	3.33
12.0	42.25	6.48	4.76
13.0	49.20	6.94	5.00
14.0	61.40	7.42	6.62
15.0	77.51	7.88	6.36
16.0	92.48	8.32	6.89
17.0	98.29	8.78	7.25
18.0	122.97	9.18	9.09
19.0	148.11	9.69	9.43
20.0	162.38	10.20	10.87
21.0	187.35	10.50	12.19
22.0	227.92	10.89	13.12
23.0	240.80	11.27	14.29
24.0	282.30	11.64	16.13
25.0	356.02	12.00	17.24
26.0	397.02	12.35	19.61
27.0	411.42	12.83	22.73
28.0	512.85	13.16	23.81
29.0	573.06	13.92	27.78
30.0	642.90	14.72	32.26
31.0	720.53	15.19	35.71
32.0	805.17	15.36	37.30
33.0	849.79	16.34	47.62
34.0	888.81	16.83	58.82
35.0	980.43	17.15	66.66
36.0	1 099.92	17.82	105.26

注：摘自徐在宽等编著的《鳜鱼鲈鱼规模养殖关键技术》

4. 水质控制

养殖鳜鱼对水质的要求比养四大家鱼要高得多。由于专养池放养密度高，投喂量较多，残饵和大量粪便对池塘水质影响较大，除要求池塘进、排水系统良好，并定期更换池水外，特别应注意鳜鱼种刚一进池塘的初期，由于池塘中饵料鱼苗密度大，更要控制好水质，避免缺氧，使鳜鱼种能够尽快适应和不出现浮头。整个饲养过程中水体溶氧量最低保持在 5 毫克/升以上，才有利于鳜鱼摄食、生长，当降至 2.3 毫克/升时鳜鱼会出现滞食，1.5 毫克/升时开始浮头，1.2 毫克/升时严重浮头，1 毫克/升时窒息死亡。因此，要注意适时加水换水，保持水质清新，每口池塘还需配备增氧机。春末和夏季每天中午 12 时至下午 3 时开机增氧，如遇特殊天气，下半夜开机至太阳升起。开机时间视具体情况确定。饲养期间水体透明度要求保持在 40 厘米左右，透明度太低会影响鳜鱼觅食，也容易引起水质恶化。定期泼洒石灰水调控水质，鳜鱼对酸性水特别敏感，水质偏酸往往会出现多种疾病。当 pH 值为 5.6 时，鳜鱼即无法忍受。因此，必须保持池塘水质处于良好状态，才能获得养殖成功。其他调控措施或施用生物制剂与家鱼养殖基本相同。

5. 管理

饲养鳜鱼成鱼与饲养家鱼一样，同样应该要有专人负责，强化责任，精细管理。随着水温的升高和鳜鱼的长大，应分期加注新水。一般春季和秋季每 10~20 天加水 1 次，每次加水 30~40 厘米深。夏季勤换水，每 5~7 天换水 1 次。如能保持微流水，则养殖效果更佳。同时，应做好巡塘、防盗等工作。

6. 注意防治病害

放养鱼种前，池塘一定要进行彻底清塘消毒，杀灭病原体，最好使用生石灰清塘消毒。在养殖期间，定期全池泼洒硫酸铜、漂白粉等药物消毒，预防鱼病。鳜鱼养殖过程中常见的病害是寄生性的原生动物或细菌侵袭引起的，常造成鳜鱼大批死亡。平时要经常进行鱼病检查，并准备好相关药物，如杀虫剂、消毒剂等，一旦发现感染病原体，立即采取综合疗法。

7. 捕捞

经过4~5个月的饲养，大部分鳜鱼的体重可达到500克左右的商品规格，即可把达到商品规格的鳜鱼起捕上市，未达到上市规格的继续留在原池饲养或转养到其他池塘。

鳜鱼有在池底群集穴居的习性，日间常潜伏在凹塘内，拉网捕捞上网率很低，但徒手捕捉却很容易。熟悉的渔工1小时能捕捉20~30千克，适合少量上市。也可用抛网、地拉网捕捞。大量上市时需要放浅池水采用地拉网或人工捕捉。

8. 运输

商品鳜以活鲜品上市为主，其价格昂贵、耗氧率高，全身又布满硬刺和棘，长距离活体运输比一般鱼类困难。为提高活体运输成活率，掌握科学的运输方法十分必要。目前经营中常采用专用活鱼运输车和活水船运输。

（1）专用车运输。活鱼运输车可作为中长距离运输工具，成活率较高。专用运输车由汽车、活鱼箱、增氧系统组成。增氧系统的动力来自汽车传动系统，也有的增氧系统是在活鱼箱底设置通氧管道，将纯氧通过控制阀与管道相连，直接充氧，活水箱可以拆卸。运输密度为每吨水装鳜 200~300 千克，运输时间 10~12 小时。高温季节，可在箱内添加冰袋，以维持运输过程中的水温，可连续运输 7~9 小时，成活率达 95% 以上。此法运输量较大，适应范围广，灵活方便，而且能进行常年运输。

（2）运输船运输。运输船舶上可配备流水装置或回圈水系统的水槽。也有的运输船有活水舱，可以将鱼直接放到活水舱。运输密度：水与鱼重量比为 10:1，若船舱较大，流水畅通，可增加装运量。这种运输船（活水船）在河水环境无污染的地区和低温季节使用时，装载密度和成活率都较高，一般水网地带常采用此法。

（3）运输中的注意事项。不论采用何种运输工具、何种运输方法运输活商品鳜，都要注意以下事项。

①严格挑选：所运活体必须是健壮、无病、无伤的商品鳜。病鱼和受伤鱼经不起运输刺激，易造成死亡，运输前应与剔除。

②空腹运输：商品鳜在运输前要停喂 1~2 天，使腹内积食排出，以减少途中的排泄物，提高成活率。

③水温调节：夏季鱼体活动强，新陈代谢加快，鱼的排泄物增多，易使腐败作用加快恶化水质，应采取降温措施，如放置冰袋等，也可安排在清晨或夜间运输，避开高温；但冬季夜间温度过低时不宜运输，以防冻伤或冻死，故冬季运输应在白天进行，以利于提高运输成活率。

（二）池塘套养

池塘套养鳜是以池塘中的野杂小鱼虾为食，一般不用专门为鳜鱼投喂饵料，这样既可控制池塘中野杂小鱼虾的繁殖，促进养殖鱼类的增产，同时可收获优质的鳜鱼，增加收入。主要有成鱼池、亲鱼池、蟹池、河沟藕田套养等形式。

1. 成鱼池套养

套养鳜鱼的成鱼池以利用饲养吃食性鱼类的池塘为好。无论是成鱼塘、亲鱼塘，均可套养鳜鱼。

（1）池塘条件。套养鳜鱼的鱼塘，要求水源充足、排灌方便、水质良好，野杂鱼较多。池塘面积 0.4 公顷以上，水深 1.5~2.5 米。由于鳜鱼对水中溶氧量要求较高，比家鱼易缺氧浮头，故水质过肥的成鱼塘不宜套养。饲养肥水鱼为主的成鱼塘，一般不宜套养鳜鱼或降低套养密度后饲养。

（2）鳜种放养。苗种放养可采用夏花鱼种或 1 龄鱼种在成鱼池内套养，放养夏花时间在 5 月下旬至 7 月上旬。在这个时期，由于水温、气温较高，且池塘成鱼的放养早已成定局，因此在鳜鱼夏花放养前，应对套养池中饵料鱼的数量进行一次调查分析，如果有较多的野杂鱼，且大小与鳜鱼夏花相近，则可以把鳜鱼夏花直接放入池中；如果野杂鱼数量较少，且规格大，不易被鳜鱼夏花摄食，则应先在成鱼池内引进野杂鱼类或投放家鱼夏花，以便鳜鱼夏花一下池就有足够的饵料鱼可食。

套养鳜鱼时，必须以控制其规格，避免危害主养鱼类为原则（所放主养鱼种最小规格应比鳜鱼种大 1.5 倍以上）。一般每公顷放养 3~5 厘米的鳜鱼 600~800 尾，或 10~16 厘米的鳜鱼 250~300 尾。具体放养量可视塘内野杂鱼的多少而增减，以既充分利用野杂鱼又无需增加投喂为前提。靠近江湖有条件的池塘可经常灌江纳苗，引进野杂鱼供鳜鱼食用。套养池塘不宜再放养鲤、鳙等夏花，因鳜鱼生长速度快，会吞食小规格家鱼种。采用 1 龄鳜鱼种套养，放养时间和家鱼放养时间大致相同，可冬放也可春放，以春放更为有利，具体放养时间以 3 月底至 4 月初水温在 10℃ 左右为好。每公顷套养量 150~200 尾。放养罗非鱼较多的成鱼塘，可适当增加鳜鱼放养量，以控制罗非鱼的过度繁殖，每公顷可放养 1 500 尾左右。

（3）饵料投放。鳜鱼混养一般不必专门投喂饵料鱼，鳜鱼以捕食池塘中的野杂小鱼虾为饵料。如果混养鳜鱼数量多，池中野杂鱼明显缺乏时，要适量投喂饵料鱼。特别是在套养后期，鳜鱼个体长大，摄食量随之增加，要适当投喂一些饵料鱼，以保证混养的鳜鱼有足够的食物。在套养鳜鱼的池塘中适当多放养些罗非鱼、鲫鱼来繁殖鱼苗，作为鳜鱼饵料，也是解决套养鳜鱼饵料的好办法。在饵料鱼安排上，最好是套养部分 1 龄鲤、鲫鱼种，既供鳜鱼摄食，又可在塘内繁殖仔鱼。3 月份后，可再放养一定数量的罗非鱼越冬片子，作为饵料鱼的补充源。6—7 月以后，鳜鱼和其他养殖鱼类一样也进入了摄食旺季，在检查家鱼摄食、生长情况的同时，对鳜鱼的摄食、生长情况也应有个全面的了解。要了解掌握池中鳜鱼饵料鱼的大小、数量和增减趋势等，以便及时补充调整。

（4）日常管理。鳜鱼套养池的日常管理主要是做好水质的调节，保证水质符合鳜鱼生活的要求。由于鳜鱼对水中溶氧量要求高，当池水中溶氧量较低时，鳜鱼先于其他家鱼浮头，严重时甚至引起死亡。所以水质要清新，最好能经常冲注清新的河水、水库水或经处理的新鲜水，保持水体有较高的溶氧量是套养成败的关键措施之一。池塘套养鳜鱼，当放养鳜鱼种后，就不宜再放养比鳜鱼规格小的其他鱼种，以免被鳜鱼捕食，影响成活率。如果池塘中放养的其他鱼种比较小，会被鳜鱼捕食，可暂时不放养鳜鱼，等到其他鱼种规格比鳜鱼大后再放养，或者改为放养规格比其他鱼种小的鳜鱼种。鳜鱼对药物比较敏感，稍有不慎就可能引起鳜鱼种全军覆灭，因此在使用鱼药时，一要精确地计算药物的使用量，二是在高温季节尤要谨慎用药物，三应选用生态防治药物并严格执行休药期。

2. 亲鱼池套养

亲鱼池套养鳜鱼以选择培育草、青亲鱼为主的池塘为好，草、青亲鱼为主的鱼池，由于经常冲水，其生态条件较适宜套养鳜鱼，但要注意的是鳜鱼种的放养量不宜太大，以免影响亲鱼的培育。现将草、青亲鱼池套养鳜鱼的方法介绍如下。

（1）草亲鱼培育池套养鳜鱼。以培育草亲鱼为主的亲鱼池套养鳜鱼，应在人工繁殖结束后放养鳜鱼种，最好是放养鳜鱼夏花。每公顷可放养 750~1 500尾。在鳜鱼种苗放养前10天，应对亲鱼池中的野杂鱼类情况做一次调查分析，如果没有鳜鱼夏花适宜的饵料鱼，应先放养部分野杂鱼或适量的花白鲢和鳊鱼夏花作为鳜鱼的饵料鱼。

由于草亲鱼池的条件较好，只要放养量适当，鳜鱼的夏花生长速度是很快的，且对草亲鱼的培育也没有多大影响，一般1龄鳜鱼种当年可长至300~600克/尾，每公顷产商品鳜250~600千克。

（2）青亲鱼培育池套养鳜鱼。套养方式与草亲鱼为主的亲鱼池套养鳜鱼相似。不同的是在青鱼放养密度不高的池塘中，以花白鲢、鲤、鲫鱼用作饵料鱼更为合适，也可少量放草、鳊鱼夏花或1龄鱼种，亲鱼塘由于亲鱼放养密度不大，混养鳜鱼的放养密度可大些，每公顷可放养900~1 500尾。野杂小鱼虾较多的池塘，鳜鱼的套养数量还可多些。

3. 蟹池套养

蟹池套养鳜鱼是近年推广的新的生态养殖模式，这种养殖方式充分利用了池塘水体空间和饵料资源，与单养河蟹相比，不仅增加了鳜鱼产品，且河蟹的产量和品质有所提高。这种方式不需另投饵料，河蟹和鳜鱼两者互不残杀，河蟹的残饵作为野杂鱼、虾的饵料，鳜鱼捕食小鱼、小虾，延长了生物链，是值得大力推广的生态养殖方式。

（1）池塘条件。套养鳜鱼的池塘一般面积在1公顷以上，进、排水方便，溶氧量丰富，池塘中种植部分水草（约占水面的60%）。水草有两个作用：一是供河蟹蜕壳时附着隐蔽，避免鳜鱼残食软壳蟹；二是供进水时带进的野杂鱼繁殖时产卵附着，繁殖的野杂鱼供鳜鱼食用。养殖池塘每年都应干池消毒。

（2）苗种放养。应坚持科学合理的原则，达到既充分利用水体空间、饵料资源，又最大限度地提高产出的目的。养蟹池塘一般每公顷放体质健壮、无断肢残肢、规格为 100 ~ 120 只/千克的扣蟹 7 500 ~ 9 000 只，蟹种于 3 月中旬放养结束。在 6 月套养 8 ~ 12 厘米的鳜鱼种 300 ~ 450 尾/公顷。每公顷搭配鲢、鳙鱼大规格鱼种 450 尾，以消耗水体中的浮游生物，改善水质。为确保有足够的饵料鱼供鳜鱼食用，最好在池塘中放养一些繁殖快的 2 冬龄鲫鱼，每公顷放养 50 ~ 60 组，雌、雄比例为 2 ∶ 1，并用 5% 食盐水消毒 5 ~ 10 分钟，这些鲫鱼在 4 月气温回升时自然繁殖，为鳜鱼种进池提供适口饵料。同时，鲫鱼又能摄食池底的残饵或腐烂鱼体，防止水质恶化。

（3）饵料投喂。一般情况下，以投喂河蟹饲料为主，套养的鳜鱼无需另增投饵料鱼。如饵料鱼偏少，可每公顷投放 15 ~ 30 千克抱卵青虾，孵出的仔虾一方面可作为鳜鱼的补充饵料，另一方面，年底收获成虾。以提高经济效益，而且虾以浮游生物、有机碎屑为食，可以改良水质。

（4）水质调控。河蟹喜清新的水环境，鳜鱼耐低氧能力差。因此，应特别注重水质改良，主要措施包括：

①泼洒生石灰：每月每亩用 20 ~ 30 千克生石灰全池泼洒。

②泼洒 EM 菌：EM 菌可增加水体溶氧量，提高河蟹商品规格，降低饲料系数，改善水质，减少疾病，提高成活率。

③注重改善底质：在 5—9 月，每 15 ~ 20 天使用底质改良剂 4 千克/公顷，可净化水质，降低氨氮、硫化氢含量，消除重金属离子及亚硝酸盐，改善水域底质环境。

④经常更换清水：一般 5 月前间隔 15 天加水 1 次，6—8 月每 10 天灌 1 次清水，加水时间以白天为宜，保持水体溶氧量不低于 5 毫克/升。

（5）病害防治。鳜鱼体质娇嫩，稍有受伤便会感染患病，并且对药物有严格的选择性。因此，对鳜鱼和河蟹病害防治的药物选择应特别慎重，坚持把好彻底清塘关、苗种消毒关，并且经常用生石灰、生物制剂调节水质。在一般情况下，整个饲养过程中鳜鱼很少发病。

4. 河沟、藕田套养

河沟中，一般野杂鱼很多，水质、溶解氧条件比池塘优越，套养一定数量的鳜鱼，不仅利用了河沟中的野杂鱼，而且可获得较好的经济效益。一般每公顷放养 50 克的鳜鱼种 300~450 尾。

为提高藕池经济效益，在有饵料鱼的前提下，可利用藕池水质清新的特点套养部分鳜鱼和其他鱼种，一般鳜鱼种放养规格为 20~30 克/尾，每公顷放养 225~300 尾，其他鱼种适量放养。

（三）轮养

我国地域广阔，各地的具体条件不同，养殖的方式、方法也不一样，轮养类型也多种多样。江浙一带群众根据鳜鱼、青虾、罗氏沼虾的习性和生长特点，创造出一套青虾、罗氏沼虾与鳜鱼轮养的养殖方法，进一步发挥了池塘的生产效力，大大提高了池塘产出率，从而增加了养殖效益。

1. 鳜鱼与青虾轮养

池塘进行鳜鱼—青虾轮养，一般是从 5 月初放养广州一带提早繁育的鳜鱼夏花，养到 10 月初，饲养周期为 5~6 个

月，将 70%~80% 达到商品规格的鳜鱼捕捞上市。余下 20%~
30% 不足上市规格的鳜鱼并塘继续饲养，将空闲的饵料鱼池
塘和养鳜池塘整理后，放养青虾，至翌年 4—5 月起捕上市。
一般鳜鱼放养密度为每公顷 12 000~15 000 尾，规格为 3~4
厘米/尾；青虾放养密度为每公顷 12 万~15 万尾，幼虾规格
为 1.5 厘米以上，饲养管理技术与主养相同。

2. 鳜鱼与罗氏沼虾轮养

罗氏沼虾不耐低温，秋末冬初，当气温降至 15℃ 时，需
及时干池起捕上市，池塘实际利用只有半年时间（5—10
月）。利用罗氏沼虾养殖池冬闲期饲养鳜鱼，此阶段鳜鱼种便
宜，饵料鱼丰富，将鳜鱼养至翌年 4—5 月上市，价格相对较
高。罗氏沼虾苗种 5 月份放养，规格为 2~3 厘米/尾，每公顷
放养 18 万~22 万尾，饲养中后期可适当套养部分鲢、鳙鱼
种，有利于控制池内浮游生物量。鳜鱼种放养在 10 月中旬干
池清塘之后，规格为 0.15~0.25 千克/尾，每公顷放养
3 800~4 500 尾。整个饲养过程中应保持水质清新，溶氧量丰
富，以利鳜鱼生长。一般冬季每 15~20 天加注新水 1 次，春
季每 7~10 天 1 次，每次加水 0.1~0.3 米深。

（四）网箱养鳜

网箱养鱼是世界上新兴起的养殖技术，放养密度大，单
产水平高，是高投入、高产出的集约化生产方式。网箱养鳜
鱼，占用水面少，产量高，效益好，具有生产机动灵活、投
资少、设施简单、易于操作等特点，加上网箱体积小，鳜鱼

在人为控制的网箱内，排泄物可以随时顺利地排出箱外，始终保持箱体内水质清新流畅，既可增加鳜鱼的捕食机会，又可减少捕食所耗的能量，使鳜鱼在网箱内生长速度更快。同时，网箱养鳜既有利于大批量进行人工饲料驯食，又可进行高密度集约化养殖，降低饵料成本。此外，网箱养鳜易于捕捞操作，这既有利于分级饲养，又可解决池塘养鳜捕捞上网率低的问题，能做到捕大留小，并根据市场需求，做到均衡上市。因此，网箱养鳜是一条充分利用水域资源，发展优质高效渔业，向产业化迈进的有效途径，值得大力推广。

1. 水域选择

网箱养鳜应选择利用江湖、水库、港湾、大塘等优良水域条件的开阔水体，并有一定水流或微流水，水质清新（透明度大于 35 厘米），溶氧量充足，最低水位应不低于 2.5 米，水位稳定，无污水流入，网箱设置地点还要求选择风浪影响不大，远离航道，交通方位，便于管理的水域。

2. 网箱的制作及设置

网箱采用尼龙或乙纶网片缝制而成，规格可制成 10~30 平方米不等。养殖实践显示，养殖初期，以 10 平方米的网箱较好，更有利于人工饲料驯食养殖，由网箱放养夏花至养成商品鱼，分 3~5 个阶段进行，因而要分别使用不同网目尺寸的网箱。网目大小以保证网箱内外水流通畅，饵料鱼逃不出为宜。若放养体长 4~5 厘米的鳜鱼夏花，网目为 15~20 目/平方厘米，当鳜体长达 8~10 厘米时，选用 0.8~1 厘米的网目；当鳜鱼体重达 100 克左右时，可转入网目为 2 厘米的网箱。如果网箱养鳜生产规模较大时，还可以准备 5~6 套不同规格和网目的网箱。网箱结构为敞口（或加盖）框架浮动式，箱架可用毛竹或其他材料制成。网箱入水深度 1.2~1.5 米，水上高度 0.3~0.5 米。新网箱应在放养前 7~10 天下水装设完毕，让箱体上附生一些藻类等，以避免放养后擦伤鱼体。网箱排列方向一般与水流垂直，多排网箱并列时，间距不宜太近。

3. 养殖方式

可分为单养和套养两种。单养是把鳜鱼种放入专养网箱，另外用配套网箱养殖饵料鱼，然后再根据鳜鱼捕食、生长情况定期投喂饵料鱼。套养则是采用鳜鱼与饵料鱼一次性同时放足的办法养殖，不另外设置饵料鱼网箱。套养时宜投放鲢、鳙鱼种作饵料鱼，这样使套养箱中鲢、鳙鱼从水中摄食浮游生物，而鳜鱼以鲢、鳙鱼为食。

4. 放养密度

依养殖方式、鱼种来源、饵料鱼条件而定。单养网箱在春季按每平方米放入体重 50~80 克的鳜鱼种 30~40 尾，一次养成，或是在 5—7 月按每平方米放养体长 2.5~3.5 厘米的当年幼鳜 300 尾左右，或放养体长 4~5 厘米的鳜夏花 150~200 尾，或放养体长 8~10 厘米的鳜鱼种 50~80 尾。当尾重达到 50 克以上时，密度减少为每平方米 30~50 尾。套养时，一般每平方米放养 50 克/尾的鳜鱼种 6~10 尾。

5. 饵料鱼配套与投喂

网箱单养鳜鱼的饵料鱼来源以配套网箱培育为主，按鳜鱼计划产量的 4~5 倍生产，以近区捕捞的野杂鱼为补充。

饵料鱼投喂方式有两种：一种是每天投喂，第二种是阶段性投喂，按日粮 5%~10%以及预计饲养时间计算阶段需饵总量。投喂次数应根据水温和鳜鱼摄食情况而定，在水温较低时，每 7~10 天投喂 1 次；水温较高、鳜鱼摄食旺期，一般每 2~3 天投喂 1 次，使网箱内始终保持一定密度的适口饵料鱼，饵料鱼规格控制在鳜鱼体长的 30%~50%较好。套养鳜鱼网箱一次性放入鲢、鳙鱼，按 5~6 的饵料系数投放饵料鱼，中后期再适当投部分不同规格的饵料鱼，以确保不同规格的鳜鱼摄食、生长。

饵料鱼投喂务必做到及时、充足、适口。人工饲料必须新鲜并加工成长条形，其直径相当于鳜鱼口径的 1/4~1/3，有一定黏性与弹性，定时、定点、足量投喂，以利于鳜鱼快速生长。

6. 日常管理

网箱养鳜鱼的日常管理主要包括巡查、洗刷、水质管理和防病等工作。

（1）经常巡箱。每天分早、中、晚巡查 3 次，观察鳜鱼的活动及摄食情况是否正常，防止投喂不足或缺氧浮头；检查网箱是否完好，如发现网箱被老鼠咬坏或被刺破的网衣应立即修理好，防止逃鱼，及时清理网箱内外的飘浮物体。坚持日夜有人值班看守，防止被人偷窃。同时，做好防洪、防台风等工作，及时掌握气象和水灾预报，提前把网箱移位或加固，防患于未然，以减少不必要的损失。

（2）洗刷网箱。网箱长时间浸泡在水中，常着生海绵、青苔等，日积月累，堵塞网眼，严重妨碍网箱内外水体的交换。特别是养鳜鱼的网箱网目较小，堵塞现象更为严重。因

此，必须及时洗刷网箱，要求每半个月洗刷网箱 1 次，夏季
更要勤洗刷，以保持箱内外水流通畅，可结合鳜鱼换箱分疏
一起进行，将换下的网箱洗刷干净，最好让阳光晒 1~2 天再
用于放养鱼种。如果需要 2 个月以上才能将鳜鱼换箱分疏的，
则要备足各种规格的备用网箱，替换需要洗刷的网箱放养
鱼种。

（3）及时分疏。整个饲养过程中，随着鱼体的长大，应
根据网箱养鳜的特殊性，注意换箱分疏，要及时把大规格鳜
鱼转入较大网目的网箱，并降低放养密度。一般 1 个月左右
换箱 1 次，每次换箱分疏时，注意同一网箱内的鳜鱼规格要
求一致，避免大欺小，影响小规格鳜鱼的生长。

（4）水质管理。由于网箱养殖放养密度大，保持水质清
新，增加水中溶氧量十分重要。因此，在大塘设置网箱养鳜
时，有必要设置增氧机或冲水装置，在天气变化和出现缺氧
时，应及时开机增氧或冲水增氧，保证水质溶氧量充足，促
进鳜鱼的生长。

（5）注意防病。网箱养鳜虽病害不多，但重在预防。饲
养期间，首先要抓好消毒工作，即鱼种入箱前要用 30~40
克/升食盐水浸泡 10~20 分钟；饵料鱼必须用 40 克/升食盐水
或 20 克/升高锰酸钾溶液浸泡 10~20 分钟后再投喂；养殖工
具也必须用 50 克/升漂白粉溶液进行消毒。所有饵料鱼在投
喂前应用食盐水浸泡消毒，杀灭外源病原体。其次在夏、秋
季，每半个月泼洒消毒剂 1 次，采取积极的预防措施，减少
疾病发生。

（五）围网养殖

围网养殖主要是在湖泊、水库等大面积水域中设置围网，进行以鳜鱼为主养品种的养殖方式，其最大优势在于水质条件好、溶氧量高，而且有着非常丰富的野杂鱼资源。因此，围网养殖鳜鱼无需（或少量）配套养殖饵料鱼，只要在围网周围设几道箔，每天将捕获的小野杂鱼投入围网中作活饵料即可。

1. 围网养鳜的特点

（1）水域面积大，溶氧量高，环境条件优良，有利于鳜鱼生长。

（2）天然饵料鱼较为丰富，并可得到不断补充，利用低值鱼转化为高值产品。

（3）围网养鳜是设置在开放性的水域中，易受船只、台风、洪水、污水等自然和人为因素的影响。

2. 围网区域的选择

根据围网养鳜的特点，宜选择水深 1.5～3 米、底部平坦、水草繁茂、水流平缓、水质清新无污染、饵料鱼丰富的水域。

3. 围网设置

围网面积以 0.2～1 公顷为宜，采用 3×4 股聚乙烯编织网，以毛竹（有条件可预制水泥柱）作支架，先将毛竹每隔 2 米插入湖库底部 1.5 米深作支柱，然后安装聚乙烯编织网，网高 4～5 米（以历史最高水位、最大浪高和养殖鱼类跳跃高度等因素确定围网的高度），其上、下纲均用 50×3 股聚乙烯网绳。底纲接石笼，并将石笼踩（埋）入泥中 20~30 厘米深。上纲撑出水面 1.5 米固定在支架上。江滩围栏养殖时应考虑设置双层拦网。

4. 鱼种放养

为充分利用大水体中丰富的饵料资源，应混养适量的大规格草、鲂、鳙、鲢、青鱼等，混养鱼种规格至少为鳜鱼种规格的 1.5 倍以上。鳜鱼种的放养规格为 50~60 克/尾，一般每公顷放养 75~135 千克，混养鱼种中草鱼占总放养量的 25%，鲂占 15%，鳙、鲢、青鱼占 10%，适宜投放量可视养殖水体的环境条件及可利用的生物资源而确定。鱼种放养时间为每年 6 月至翌年 3 月为宜。鳜鱼生长速度较快，在饵料充足的情况下，经过 10 个多月的养殖，一般个体均可达 500 克以上。

5. 饲养管理

饲养管理的主要内容有围栏设施的维护、投饵和日常管理以及鱼病防治等工作。

（1）围网设施的维护。围网养鳜的先决条件是把鱼拦住不让鱼逃走，工作中应经常检查围拦设施（包括石笼），发现损坏，及时修补，消除隐患。

（2）日常管理。鱼种放养之后，应及时投喂，网四周设簖捕捞野杂鱼，保证鳜鱼饵料充足，正常饵料系数为 4~6。混养鱼类 3—10 月需投喂水草和精饲料，水草生长旺盛季节，应以投喂水草为主，精饲料为辅，而春、秋季节则以精饲料为主。经常检查鳜鱼饵料密度，每天检查鱼类摄食情况，剩饵残渣要及时清除，随时清除网片上的漂浮物、水草等，确保水体交换正常。遇到大风大浪、汛季时，更要加强防逃、防汛工作，确保安全生产。

（3）鱼病防治。一般来说，围网养殖对象发病率比池塘养殖要低得多，但围网养殖的特点也决定了一旦发生鱼病，治疗比较困难，所以应认真做好围区淤泥的清除、鱼种消毒和及时预防等工作。

第五章  疾病防控及安全
用药

随着鳜鱼养殖规模的不断扩大，疾病的发生也日益加剧。如鳜鱼暴发性流行病几乎给某些地区养鳜者造成毁灭性的重大损失，鳜鱼疾病的发生已成为鳜鱼养殖的主要制约因素。既要解决鳜鱼疾病的防治，又要使鳜鱼成品达到《农产品安全质量　无公害水产品要求》（GB 1840—2001），疾病防控和安全用药已成为鳜鱼高效健康生态养殖环节中重中之重的关键技术。

一、疾病防控与安全用药的总原则

疾病是在致病因素作用于鱼体后，扰乱鱼体正常生命活动的一种异常状态，一切干扰鱼体的因素，包括病原生物、养殖水环境因子（物理的、化学的）、鱼体的种间差异、鱼体自身的生理失调（物质代谢紊乱、免疫力下降）等都可能引起疾病。因此，如何创造良好的养鳜环境、控制和消灭病原生物、提高鱼体自身的免疫力，是疾病防控的主要内容。为了达到鳜鱼高效健康生态养殖的要求，其总的原则是：根据生态特点创造良好的水域环境，培育和选用抗病力强的鳜鱼种，实施以生物、生态、物理、化学防治相结合的方法，防止病原体侵入，切断病虫害传播途径，合理、科学地使用高效、低毒、低残留渔药。

二、疾病防控的主要措施

（一）选择良好的养殖环境

养殖区域选择远离有毒有害场所及污染源或污染物。养殖区域内没有工业"三废"及农业、城镇生活、医疗废弃等污染源，符合《农产品安全质量　无公害水产品产地环境要求》（GB/T 18407.4—2001）。

（二）选购放养优良鳜鱼苗种

一是选用良种，确保苗种来源清楚，种质纯正，品质优良，靠近长江中下游地区尽量选用长江鳜鱼品系；二是放养的苗种规格整齐、体质健壮、无病无伤、生命力强；三是采用科学的运输方法，提高苗种放养成活率。

（三）加强养殖水体水质的调控

在鳜鱼养殖全过程中，养殖用水应符合国家《渔业水质标准》（GB 11607—89）以及《无公害食品　淡水养殖用水水质》（NY 5051—2001）要求，做到水源清洁清新，养殖过程中搞好水质调控，确保水深、溶氧量、pH、透明度、氨氮、重金属离子等保持在标准允许范围内，保持良好的水域生态环境。养殖用水如需循环使用，应采取消毒、沉淀、过滤等方法进行处理，确保水质良好。

（四）投喂优质饵料鱼

配套养殖鳜鱼喜食的银鲫、鲮鱼等优质饵料鱼，满足鳜鱼正常生长的营养需要。饵料鱼池要加强消毒，并做到不投喂患病的饵料鱼。饵料鱼的茬口安排要合理，饵料的适口性、营养价值等方面要与鳜鱼养殖的各阶段衔接好，确保鳜鱼健康生长。

（五）采用药物综合预防技术

1. 清塘

鳜鱼苗种放养前，用生石灰或漂白粉对池塘进行干池或带水清塘，干池清塘一般每公顷水面用生石灰 1 200~1 500千克或漂白粉 5~7 千克，带水清塘用量加倍。

2. 消毒

一是苗种进塘前用食盐、高锰酸钾等药物进行药浴，使用量：2%~3%食盐水，水温 10~15℃，浸浴 10~20 分钟；20毫克/升高锰酸钾溶液，水温 10~15℃，浸浴 20~30 分钟。二是每年 4—9 月定期（每隔 15~20 天，其中 6—8 月每隔 10天）对养殖水体进行消毒，常用消毒剂和用药量见表 5-1 所示。三是工具消毒，网具、养殖用具及容器要经常暴晒。

表 5-1 常用消毒剂及使用方法

渔药名称	用途	用法与用量	休药期（天）	注意事项
氧化钙（生石灰）calcii oxydum	用于改善池塘环境，清除敌害生物及预防部分细菌性鱼病	带水清塘：200~250 毫克/升（虾类 350~400 毫克/升）；全池泼洒：20 毫克/升（虾类 15~30 毫克/升）		不能与漂白粉、有机氯、重金属盐、有机络合物混用
漂白粉 bleaching powder	用于清塘、改善池塘环境及防治细菌性皮肤病、烂鳃病、出血病	带水清塘：20 毫克/升；全池泼洒：1~1.5 毫克/升	≥5	勿用金属容器盛装；勿与酸、铵盐、生石灰混用
二氯异氰尿酸钠 sodium dichloroiso-cyanurate	用于清塘及防治细菌性皮肤溃疡病、烂鳃病、出血病	全池泼洒：0.3~0.6 毫克/升	≥10	勿用金属容器盛装
三氯异氰尿酸 trichloross-isocyanuric acid	用于清塘及防治细菌性皮肤溃疡病、烂鳃病、出血病	全池泼洒：0.2~0.5 毫克/升	≥10	勿用金属容器盛装；针对不同鱼类和水体的 pH，使用量应适当增减
二氧化氯 chlorine dioxide	用于防治细菌性皮肤溃疡病、烂鳃病、出血病	浸浴：20~40 毫克/升，5~10 分钟；全池泼洒：0.1~0.2 毫克/升，严重时 0.3~0.6 毫克/升	≥10	勿用金属容器盛装；勿与其他消毒剂混用
二溴海因	用于防治细菌性和病毒性疾病	全池泼洒：0.2~0.3 毫克/升		
氯化钠（食盐）sodium choiride	用于防治细菌病、真菌病或寄生虫病	浸浴：1%~3%，5~20 分钟		

（续表）

渔药名称	用途	用法与用量	休药期（天）	注意事项
硫酸铜（蓝矾、胆矾、石胆）capper sulfate	用于治疗纤毛虫、鞭毛虫等寄生性原虫病	浸浴：8毫克/升（海水鱼类8~10毫克/升）；全池泼洒：0.5~0.7毫克/升（海水鱼类0.7~1毫克/升）		常与硫酸亚铁合用；广东鲂慎用；勿用金属容器盛装；使用后注意池塘增氧；不宜用于治疗小瓜虫病
硫酸亚铁（硫酸低铁、绿矾、青矾）ferrous sulphate	用于治疗纤毛虫、鞭毛虫等寄生性原虫病	全池泼洒：0.2毫克/升（与硫酸铜合用）		治疗寄生性原虫病时需与硫酸铜合用；乌鳢慎用
高锰酸钾（锰酸钾、灰锰氧、锰强灰）potassium permanganate	用于杀灭锚头鳋	浸浴：10~20毫克/升；15~30分钟；全池泼洒：4~7毫克/升		水中有机物含量高时药效将降低；不宜在强烈阳光下使用
四烷基季铵盐络合碘（季胺盐含量为50%）	对病毒、细菌、纤毛虫、藻类有杀灭作用	全池泼洒：0.3毫克/升（虾类相同）		勿与碱性物质同时使用；勿与阴性离子表面活性剂混用；使用后注意增氧；勿用金属容器盛装
聚维酮碘（聚乙烯吡咯烷酮碘、皮维碘、PVP-I、伏碘）（有效碘1.0%）povidone-iodine	用于防治细菌性烂鳃病、弧菌病、鳗鲡红头病，并可预防病毒病，如草鱼出血病、传染性造血组织坏死病、病毒性出血败血症	全池泼洒：海、淡水幼鱼和幼虾0.2~0.5毫克/升；海、淡水成鱼和成虾1~2毫克/升；鳗鲡2~4毫克/升。浸浴：草鱼种30毫克/升，15~20分钟；鱼卵30~50毫克/升（海水鱼卵25毫克/升），5~15分钟		勿与金属物品接触；勿与季铵盐类消毒剂直接混合使用

三、安全用药

随着水产养殖业的迅速发展，病害日趋严重，渔药一方面在降低发病率和死亡率、提高饵料利用率、促进生长等方面起了很大作用，另一方面在经济利益驱动下，渔药市场管理混乱、养殖户滥用或误用渔药现象普遍存在，这种现象极大地限制了水产业的健康发展。

高效生态养殖注重生态防病，但并不排斥必要的药物治疗，两者应该是互补的。一旦发生大面积鱼病，还得采取相应的药物治疗措施，以免发生更大损失。

（一）渔药使用基本原则

使用渔药要严格执行国家行业标准《无公害食品　渔用药物使用准则》（NY 5071—2002），坚持"以防为主，防治结合"的原则，使用无公害渔药，即对人、对鱼、对环境无残留、无损害、无污染、防病治病效果好的渔药。

使用有生产许可证、批准文号和生产执行标准的渔药，不用"三无"渔药。

使用"三效"（高效、速效、长效）和"三小"（毒性小、副作用小、用量小）的渔药，严禁使用高毒、高残留或具有三致毒性（致癌、致畸、致突变）的渔药。

严禁使用对水环境有严重破坏且又难以修复的渔药，严禁直接向养殖水域泼洒抗菌药物，严禁直接将新近开发的人用新药作为渔药的主要或次要成分。禁用渔药清单见表 5-2 所示。

表 5-2 禁用渔药清单

（此表依据江苏省水产推广站编印的培训教材）

药物名称	化学名称（组成）	别名
地虫硫磷 fonofos	O-乙基-S-苯基二硫代磷酸乙酯	大风雷
六六六 BHC（HCH）benxem. bexachloridge	1, 2, 3, 4, 5, 6-六氯环己烷	
林丹 lindane. agammaxsre. gamma-BHCgamma-HCH	Y-1, 2,, 3, 4, 5, 6-六氯环己烷	丙体六六
毒杀芬 camphehhlor（ISO）	八氯莰烯	氯化莰烯
滴滴涕 DDT	2, 2-双（对氯苯基）-1, 1, 1-三氯乙烷	
甘汞 calomel	二氯化汞	
硝酸亚汞 mercurous nitrate	硝酸亚汞	
醋酸汞 merxuric acetate	醋酸汞	
呋喃丹 carbofuran	2, 3-氢-2, 2-二甲基-7-苯并呋喃-甲基氨基甲酸酯	克百威、大扶农
杀虫脒 chlordimeform	N-（2-二甲基 4-氯苯基）N′, N′-二甲基甲脒盐酸盐	克死螨
双甲脒 anitraz	1, 5-双（2-, 4-二甲基苯基）-3-甲基, 1, 3, 5-三氮戊二烯-1, 4	二甲苯胺脒
氟氯氰菊酯 cythrin	4-氰基-3-苯氧基苄-4-氟苄基（1R, 3R）-3-（2, 2-二氯乙烯基）-2, 2-二甲基环丙烷羧酸脂	百树菊脂、百树得
氟氰戊菊酯 flucythrinate	（R, S）-A-氰基-3-苯氧苄基（R, S）-2-（4-二氯甲氧基）-3-甲基丁酸酯	保好江乌、氟氰菊酯
五氯酚钠 PCP-Na	五氯酚钠	

（续表）

药物名称	化学名称（组成）	别名
孔雀石绿 malachite green	$C_{23}H_{25}CIN_2$	碱性绿、盐基块绿、孔雀绿
锥虫胂胺 tryparsamide		
酒石酸锑钾 anitmonyl potassium tatrate	酒石酸锑钾	
磺胺噻唑 sulfathiazolun ST, norsultazo	2－（对氨基苯碘酰胺）－噻唑	消治龙
磺胺脒 sulfaguanidine	N_1－脒基磺胺	磺胺胍
呋喃西林 furacillinum, nitrofurazone	5-硝基呋喃醛缩氨基脲	呋喃新
呋喃唑酮 furazolidonum, nifulkidone	3－（5-硝基糠叉胺基）－2-噁唑烷酮	痢特灵
呋喃那斯 furanace, nifurpurinol	6-羟甲基-2-［-5-硝基-2-呋喃基乙烯基］吡啶	P－7138（实验名）
氯霉素（包括其盐、酯及制剂）chlouanphennicol	由委内瑞拉链霉素生产或合成制成	
红霉素 erythromycin	属微生物合成，是 streptomyces eyythreus 生产的抗生素	
杆菌肽锌 zinc bacitracin premin	由枯草杆菌 bacillus subtilis 或 b. leicheniformis 所产生的抗生素，为一含有噻唑环的多肽化合物	枯草杆肽
泰乐菌素 tylosin	s. fradiae 所产生的抗生素	
环丙沙星 ciproflocacin（CIPRO）	为合成的第三代喹诺酮类抗菌药，常用盐酸盐水合物	环丙氟哌酸
阿伏帕星 avoparcin		阿伏霉素
喹乙醇 olaquindox	喹乙醇	喹酰胺醇羟乙喹氧

（续表）

药物名称	化学名称（组成）	别名
速达肥 fenbendazole	5-苯硫基-2-苯并咪唑	苯硫哒唑氨甲基甲酯
己烯雌酚（包括雌二醇等其他类似合成的雌性激素）diethylstilbestrol，stilbestrol	人工合成的非甾体雌激素	乙烯雌酚、人造求偶素
甲基睾丸酮（包括丙酸睾丸素、去氢甲睾酮以及同化物等雄性激素）methyltestosterone，metandren	睾丸素 C_{17} 的甲基衍生物	甲睾酮、甲基睾酮

　　被禁用的渔药中有好多都是以前我们常用的当家药物，如孔雀石绿（又叫碱性绿、盐基块绿、孔雀绿）、磺胺噻唑（又叫消治龙）、磺胺脒（又叫磺胺胍）、呋喃唑酮（又叫痢特灵）、呋喃西林（又叫呋喃新）、呋喃那斯（P-7138）、红霉素、氯霉素、五氯酚钠、硝酸亚汞、醋酸汞、甘汞、滴滴涕、毒杀酚、六六六、林丹、呋喃丹、杀虫脒、双甲脒等，以及在饲料中添加的己烯雌粉（包括雌二醇等其他类似合成的雌性激素）和甲基睾丸酮（包括丙酸睾丸素、去氢甲睾酮以及同化物等雄性激素）。在无公害食品《无公害食品　渔用药物使用准则》（NY 5071—2002）中，严禁使用的药物都有可以使用的无污染的替代药物。

　　病害发生时应对症用药，适量用药，防止滥用渔药与盲目增大用药量或增加用药次数、延长用药时间。

　　严格执行渔药休药期制度，防止药物残留。所谓药物残留，即在水产品的食用部分中残留渔药的原型化合物和其代谢产物，包括与药物本体有关的杂质。《无公害食品　水产品中渔药残留量》（NY 5070—2002）中对渔药残留量作了详尽的规定（表5-3），其对人和水产品的危害包括以下几方面。

一是耐药性反应。在水产养殖饲料中长期添加促生长抗菌药物或在生产中滥用药物会导致水生动物体内的细菌产生耐药性。耐药性产生使得生产上用药量越来越大，药效越来越差，既增加了成本，又增加了防治难度。耐药性的产生同时也对人类的公共卫生构成了威胁。

二是变态反应。水产养殖中经常使用的磺胺类、四环素类及某些氨基糖苷类抗菌药物是极易引起变态反应的品种。变态反应的症状多种多样，轻者表现为红症，重者甚至发生危及生命的综合征，如磺胺类药物能引起人类的皮炎、白细胞减少、溶血性贫血和药热等疾病。

三是中毒反应。根据卫生研究及临床资料，人们食用被药物污染和有药物残留的水产品后容易出现毒性反应。例如，链霉素等氨基糖苷类抗菌药物易损伤听神经及肾功能；四环素类抗菌药物易抑制幼儿牙齿发育和骨骼生长；氯霉素能引起再生障碍性贫血和颗粒性细胞缺乏症；敌百虫在一定条件下会形成具有强毒性的敌敌畏。

四是“三致”作用。某些药物或天然物的残留极易对人类和动物产生致癌、致突变及致畸作用。孔雀石绿是水产养殖中经常使用的化学药品，但却是一种强致癌物；经常使用的呋喃类药物如呋喃西林、痢特灵以及在饲料中添加的部分生长促进剂如己烯雌酚类也具有较强的致癌作用。

五是在渔用饲料中常含有一些激素类药物，这些药物在人体内蓄积后会使人的正常生理功能发生紊乱，更严重的是某些激素类药物会影响儿童的正常生长发育。另外，某些药物降解后易产生有害的分解产物，如水产消毒剂二氯异氰尿酸钠及三氯异氰尿酸的分解产物中含有氰化合物，其在水生动物体内产生残留后危害极大。

渔药的休药期是指最后停止给药日到水产品作为食品上市出售的最短时间。药品在水生动物机体内代谢排泄有一定的时间。因此，在捕捞上市前的休药期内应停止使用药物，不可因市场供求或其他原因将刚使用过药物的水产品上市销售，以保证药物残留量降到规定的指标内，避免药物残留危害人体健康。水产品中渔药残留限量见表 5-3 所示。

常用渔药的休药期：漂白粉休药期 5 天以上；二氯异氰尿酸、二氧化氯休药期各为 10 天以上；土霉素、磺胺甲噁唑（新诺明、新明磺）休药期各 30 天以上，噁喹酸休药期 25 天以上；磺胺间甲氧嘧啶（制菌磺、磺胺-6-甲氧嘧啶）休药期 37 天以上；氟苯尼考休药期 7 天以上。

表 5-3　水产品中渔药残留限量

药物类别	药物名称		MRL
	中文	英文	（微克/千克）
抗生素类	金霉素	Chlortrtracyline	100
	土霉素	Oxytetracyline	100
四环素类	四环素	Tetracyline	100
氯霉素类	氯霉素	Chloramphenicol	不得检出

（续表）

药物类别	药物名称		MRL
	中文	英文	（微克/千克）
磺胺类及增效剂	磺胺嘧啶	Sulfadiazyne	100（以总量计）
	磺胺甲基嘧啶	Sulfamerazine	
	磺胺二甲基嘧啶	Sulfadimidine	
	磺胺甲噁唑	Sulfamethoxaozole	
	甲氧苄啶	Trimethoprim	50
喹诺酮类	噁喹酸	Oxilinic acid	300
硝基呋喃类	呋喃唑酮	Furazolidone	不得检出
其他	己烯雌酚	Diethylstilbestrol	不得检出
	喹乙醇	Olaquindox	不得检出

（二）渔药使用存在的问题

第一，水产养殖户从业素质较低，对渔药使用知识与技能了解不多，滥用药、凭经验用药、乱用药和盲目用药情况比较突出，具体表现在：①不懂药理和药物间的相互作用，随意搭配药物。②过分依赖使用消毒、抗菌药物。③在用药剂量、给药途径、用药部位和用药动物种类等方面认识模糊。④在上市前使用渔药，缺乏休药期意识。⑤偷偷使用激素类、抗生素类违禁药物。⑥平时不重视预防，一旦鱼病暴发，乱投医、乱用药。⑦不重视养殖环境的保护，受到药物污染的水，不经任何处理，就向外随意排放，污染周围水域。

第二，养殖过程中用药误区多。

误区一，目前在水产养殖生产过程中，不论发生何种疾病，都采取"治病先杀虫"的做法，结果是虫没杀死，养殖水生动物已产生应激。

误区二，为有效预防疾病的发生，长期、低剂量使用抗生素防病，结果是刺激病原菌产生耐药性。

误区三，不遵守用药疗程和配伍用药原则，导致药物不起作用或产生药害等问题。

误区四，"下猛药能治病"的观念在部分人群中根深蒂固，许多养殖户大都习惯于在渔药说明书的注明剂量基础上加倍使用，结果往往会导致养殖动物应激，甚至产生药害。

误区五，对渔药的剂型、种类了解不多或有偏见，认为原料药比剂型药好用又便宜，结果常常发生用药量控制不好或拌和饲料不均匀导致治疗效果差的现象，从而造成严重损失。

误区六，在需要联合用药的情况下，因不懂药理、配伍禁忌，往往采取"拉郎配"的方式，凭自己所谓的感觉，挑选药物进行组合配方，结果是产生药物减效、浑浊、失效甚至增强毒性等效果，从而导致用药效果不好，甚至产生药害或发生重大死亡事故等。

第三，假冒伪劣渔药充斥市场，多数水产养殖户不辨真伪而无法做出选择，或贪图便宜，导致使用假冒伪劣药而起不到相应的作用效果等。

（三）针对渔药使用中存在的问题采取的对策

第一，加强规范用药的宣传、教育和培训，提高水产养殖户科学用药、安全用药的水平。科学用药、安全用药要做到以下几点：①预防为主、治疗为辅。从健康养殖生产角度来预防疾病的发生，少用或不用药。②少用抗生素或其他化学药物，生产上尽量使用如渔用疫苗、微生物制剂、免疫促进剂等无拮抗、无残留、无毒性的绿色生物渔药。③科学用药。治疗疾病时应对疾病作明确诊断，对症下药，酌情制定停药期、调整剂量和改换药物，合理用药。④轮换用药，交叉用药。⑤严格遵守药物的使用剂量和休药期等，以保证水生动物的药物残留降到规定指标内，避免药物残留危害人类健康。

第二，加强水产养殖安全用药的管理，具体措施包括：严格监督企业和个人经营、使用渔药，加大对使用违禁药物的查处力度。加大对饲料生产企业的监控，严禁使用农业部规定以外的饲料添加剂。对养殖单位和个人进行登记、监管、巡视，对养殖用药进行记录、审查、指导。加强渔药残留监控。加大宣传力度，充分认识渔药残留对人类健康和生态环境的危害。

第三，加大健康养殖技术的推广力度。全面普及病害防治和科学用药知识，加强对水产养殖安全用药的指导，提高健康养殖技术水平。主要应采取以下措施：由渔业主管部门所属的水产技术推广机构加强对水产养殖户水产养殖安全用药、病害防治等技术的培训、轮训；由科技主管部门开展健康养殖技术、科学用药知识的培训；水产养殖户通过自学或向水产养殖专家咨询、请教等形式，提高自身的专业技术水平。

第四，加大投入力度，增强水产品质量安全监控力度。苗种、饲料、饲料添加剂、渔药等养殖投入品的质量和使用等是养殖水产品中药物残留超标的源头，因此若想从根本上控制养殖水产品的质量，有关部门必须加大投入，尽快建立起依托水产技术推广体系的水产品养殖全程质量控制体系和制度，将水产品质量安全监管重心前移到养殖生产的各个环节，确保养殖生产者的利益和水产养殖业的健康可持续发展。

第五，加大水产养殖业执法力度，严厉查处假冒伪劣渔药。加强水产养殖业的渔业执法，加大对渔药、饲料及饲料添加剂等养殖投入品的质量安全管理，严禁不合格产品及假冒伪劣产品流入市场和进入养殖环节，防止养殖生产者在不明情况时使用这些产品而造成的水产品药物残留超标事件的发生。

（四）渔药的科学使用

1. 用药原则

（1）对症下药。首先，要正确诊断。只有诊断对路了，才能进行治疗。其次，要查明病因。弄清病原体的来源，切断病源，改善养殖水域，创造良好的治疗环境。再次，科学选药。选用对养殖水生动物及养殖环境低毒、无害、少残留，且成本低、在经济上划算的良药。如果随意用药，往往药不对症，不但收不到防治的效果，反而造成人力、物力的损失，有时甚至会加重病情的发展。

（2）合理用药。用药时应根据药物性质，严格、合理用药。水生动物疾病常用药物都各有其理化特性，在保存、使用时应注意合理化，避免药物因保存、使用不当而造成无效。如有些药物只能外用，有些药物口服效果好；有些药物不能使用，有些药物配合使用效果会更好；有些药物会受环境因素影响等。

（3）足够的剂量和疗程。使用足够的剂量和疗程，目的是避免病原体产生耐药性，剂量是疗效的保证。为了节约而减少用药量，即使是特效药，也会导致治疗失败。配制药饵还应考虑到药物在水中的散失，至于用药疗程的长短，则应视病情的轻重和病程的缓急而定。对于病情重、持续时间长的疾病就有必要使用 2~3 个疗程，否则治疗不彻底，有可能复发，也会使病原体产生耐药性。

即使是质量上乘的药物，使用后，往往也会出现以下 3 种结果：效果较理想，病情基本得到控制；有一定效果，病情有所缓解；效果不理想，病情无明显好转。究其原因，与用药的方法正确与否有关。

因此，用药时务必注意以下事项。

①不要任意混用药物：2 种以上药物混用时，会产生两种截然不同的结果。一种是协同作用，即互相帮助而加强药效，另一种是产生拮抗作用，既相互抵消而降低药效。但有时为了提高对某些细菌性疾病（如鱼类暴发性流行病、赤皮病）的治疗效果，需同时选用两种药物时，宜采用口服药饵和消毒池水相结合的方法。

②注意用药时的环境条件：药物是一种化学物质，其作用过程必然要受池水的温度、pH 和有机物等理化因子的影

响。池水中的有机物也会与漂白粉、硫酸铜等药物起反应，从而降低药效。因此，在肥、瘦水池中用药时，应根据实践经验，适当增加或减少用药量。

2. 具体用药方法

水产养殖用药必须符合《兽药管理条例》和《饲料和饲料添加剂管理条例》及相关法律法规，禁止使用假、劣兽药及农业部规定禁止使用的药品、其他化合物和生物制剂。原料药不得直接用于水产养殖。严禁使用违禁药物，遵守休药期规定。具体地说就是规范用药，就是要从药物、病原、环境、养殖动物本身和人类健康等方面的因素考虑，有目的、有计划和有效果地使用渔药，包括正确选药、适宜用药、合理给药和药效评价等。

（1）遵守相应的规定。严格按照国家和农业部的规定，不得直接使用原料药，严禁使用未取得生产许可证、批准文号的药物和禁用药物，水产品上市前要严格遵守休药期。

（2）建立用药处方制度。渔药与人用药物及兽药一样，使用应该科学合理，必须有专业人士的指导和监督。我国应探索实施水产执业兽医制度，使用处方药，使渔药的使用由无序到有序、由盲目到科学。如没有兽（渔）医的处方，就不能购买抗生素等，从而在源头上杜绝抗生素的滥用。

（3）正确诊断病情。查明病因，在检查病原体的同时，对环境因子、饲养管理以及疾病的发生和流行情况进行调查，做出综合分析。

详尽了解发病的全过程，了解当地疾病的流行情况，养殖管理上的各个环节，以及曾采用过的防治措施，加以综合分析，这有助于对体表和内脏检查，从而得出比较准确的结果。

调查水产动物饲养管理情况，包括清塘的药物和方法；养殖的种类、来源；放养密度；放养之前的消毒及消毒剂的种类、质量、数量；饲料的种类、来源、数量等。

调查有关的环境因子，包括调查水源中有没有污染源，水质的好坏，水温的变化情况，养殖水面周围农田施放农药的情况，底质的情况，水源的污染等。

调查发病情况和曾经采取过的防治措施，包括发病的时间，发病的动物，死亡情况，采取的措施等。

在养殖池内选择病情较重、症状比较明显，但还没有死亡或刚死亡不久的个体来进行病体检查，且每种水产动物应多检查几条。

（4）正确掌握选药原则。鼓励使用国家颁布的推荐用药，注意药物相互作用，避免配伍禁忌，推广使用高效、低毒、低残留药物，并把药物防治与生态防治、免疫防治结合起来。

（5）正确选择用药时间及疗程。水产养殖对象整个生长周期活动在水体中，不易及早观察到它们发病征兆情况，所以难以及时用药治疗控制。对于已发生的病情来说，多数情况下施药时期偏晚，往往在病情感染多数养殖对象时才引起重视，特别是发生流行性病害，此时才开始使用药物，大多数治疗保产效果不太理想。所以一般应根据当地水产病害预报部门提供的发生情报，结合实际养殖情况，采取一些预防措施，应遵循"早发现，早隔离，早治疗"的原则。在养殖管理过程中多巡塘，多留心观察，一旦发现问题及时采取措施。在发病初期治疗，效果显著，且能迅速控制病虫害的蔓延传染。通常情况下，当日死亡数量达到养殖群体的 0.1% 以上时，就应进行给药治疗。用药时间一般选择在晴天上午 11 时前或下午 3 时后。疗程长短应视病情而定，一般来说，杀虫需 2 次、口服药需 5~7 天。

（6）准确测量水体、计算药物用量。保证药量适中、药效到位。药量的多少是决定疗效的关键之一。施药之前，必须准确地测量池塘面积和水深，计算全池需要的药量，并检测池塘水质特点及水温、pH 等因素，为选择用药剂量做准备。各种渔用药物使用时，必须要了解该药物是否在药效期内，然后按照说明书上推荐使用浓度的上下限，并根据防治对象病情的轻重程度及水质环境特点选择适当浓度，切忌随意增减，盲目滥用。药量过高可使防治对象产生应激，过低影响疗效，贻误治疗时机，其结果是增加了养殖成本。另外，还要正确掌握用药的次数，以达到好的防治效果。

（7）了解药物性能，选择正确的用药方法。根据不同的用药方法，在用药时应有所区别。

①投喂药饵和悬挂法用药前应停食 1~2 天，以增强鱼类的摄食性。

②外用泼洒药物宜在晴天上午进行，便于用药后观察。

③对不易溶解的药物要先溶解再全池泼洒。

④浸浴法用药时，要操作谨慎，避免鱼体受伤。

⑤在药物施用后要注意观察，以防发生缺氧、死鱼等现象。

（8）用药时避免配伍禁忌。在大多数的情况下，联合用药时，也就是 2 种或 2 种以上的药物在同一时间内使用，总有 1~2 种药物的作用受到影响，其产生的协同作用可增强药效，拮抗作用则降低药效，有的还会产生毒性，对养殖的水生动物造成危害。因此，在联合用药时，要利用药物间的协同作用，避免药物配伍禁忌。如刚使用沸石的池塘不应短期内再使用其他药物，泼洒生石灰后 5 天内不宜使用敌百虫。

（9）轮换用药，避免耐药性。在选择药物时，不要多次使用同一种药物，避免产生耐药性。使用药物时，要严格按照操作规程配制、施药，尽可能地使用中草药和生物制剂。中草药来源广泛，价廉效优，毒副作用小，不易形成药物残留和影响水产品质量，在健康养殖中具有广阔的应用前景。微生物制剂因无残留、无二次污染、不产生耐药性等优点，能有效地改善水质，增强鱼体免疫力和减少疾病的产生，在生态绿色水产养殖生产中有良好的应用效果。

（10）均匀用药、安全用药。在使用渔药时，应把药物摇匀、稀释。特别是消毒药物先要兑水稀释 100~200 倍，油乳剂型的杀虫剂更要多用水充分稀释，一般稀释 2 000~3 000倍，然后从池塘的上风处向下风处均匀泼洒。有增氧设备的，要开启增氧设备让池水流动，使药物能迅速均匀溶解扩散到水体中，避免局部集中施药，引起防治对象应激或中毒。施药时间要避开阳光直射的午间。施药后 24 小时内认真观察防治对象群体动态，跟踪病情。在配药及施用渔药时应注意人身安全，有的药物在空气中有较强的刺激性气味或高浓度时接触会伤害人体皮肤，所以应穿戴好口罩和防护手套进行操作，以免危害身体健康。施药时应站在风头，不要迎风施药。渔药的使用应注意使用条件、使用范围和收获前休药期的规定，不能使药物残留超标，实行"绿色健康养殖"，关心消费者的健康。

（五）渔药使用注意事项

（1）正确诊断，对症用药，切忌乱用药或滥用药。施药前要确诊患何种疾病，发病程度如何，然后对症下药，防止滥用渔药与盲目增大用药量或增加用药次数、延长用药时间。

（2）确定用药量和用药时间。根据水体体积或鱼体重量以及对药物的适应情况，确定适宜的用药量，不要随意增大或减少用药量。全池泼洒药物，一般在晴天上午 10 时左右或下午 3—4 时，于上风口泼施。

（3）注意混合感染的用药治疗。当鳜鱼同时发生细菌性疾病和寄生虫病时，要先用杀虫药灭虫，后用杀菌药灭菌。

（4）不可单一用药。长期使用同一种药物，易使鱼产生耐药性，从而降低治疗效果。因此，即使治疗同一种疾病，也要注意作用相似的不同药物的轮换使用。

（5）注意药物之间的拮抗性和协同性。2 种或 2 种以上药物同时使用时，要考虑能否混用。

四、常见病害防治

（一）敌害

1. 敌害种类

鳜鱼鱼卵与鱼苗的敌害生物较多，小鱼虾、水生昆虫

（如水蜈蚣）的成虫和幼虫，以及个体很小的浮游动物（剑水蚤）等都会大量残害鱼卵和幼苗。

2. 防治方法

孵化用水需用 80~100 目的钢质筛绢网或相同规格的尼龙筛绢、乙纶塑料胶丝布等过滤。

定期在水源中泼洒晶体敌百虫（90% 以上），使水体达 0.3~0.5 毫克/升浓度，杀灭孵化用水或苗种培育用水水源中的剑水蚤等敌害。

（二）真菌性疾病

危害鳜鱼的真菌主要是藻菌纲的一些种类，如水霉、鳃霉等。真菌不仅危害鳜鱼的幼体、成体，也危及卵。

1. 水霉病

又称肤霉病，由鳜鱼皮肤感染水霉菌而引起，在鳜鱼的受精卵、鱼苗、鱼种和成鱼阶段均可发生。主要是孵化用水混有杂物，致使鱼卵受损而感染水霉菌；在鱼苗至成鱼阶段，主要是在拉网、转池和运输过程中，因操作不当或机械损伤而感染所致。

【症状与危害】 水霉菌丝为管形没有横隔的多核体，一端像根样附着在鳜体的损伤处；分枝多而纤细的菌丝可深入到损伤或坏死卵膜、皮肤及肌肉。另一端则游离于体外，长可达 3 厘米，形成肉眼可见的灰白色棉絮状菌落。疾病发生早期，肉眼看不出异状，当肉眼能看出时，菌丝不仅在伤口侵入，且已向外长出外菌丝，似灰白色棉毛状。鱼卵感染水霉后停止发育，菌丝会大量生长，染病卵粒呈白色绒球状，进而导致胚胎死亡。鱼苗感染时，背鳍、尾鳍均带有黄泥状的丝状物，鱼苗浮于水面，活力减弱，最后体瘦死亡。成鱼感染时，感染部位出现灰白色的棉絮状物，鳜体负担加重，其后伤口扩大化、腐烂而导致死亡。该病全年均可发生，早春时节危害最大。

【防治方法】

①保持良好的孵化用水水质，抑制水霉菌繁殖，减少发病机率。

②流水孵化的鱼卵，首先在收集清洗鱼卵后用 0.3 毫克/升灭毒净溶液浸洗 1 次，鱼卵进环道后隔 8~12 小时用水霉净溶液泼洒 1 次，使池水呈 0.5 毫克/升浓度。

③全池泼洒水霉净，使池水达 0.2~0.3 毫克/升浓度，效果较好。

④用 2%~3% 的食盐水浸洗鱼种（成鱼）5~10 分钟，或用 1% 食用醋数滴浸洗 5 分钟，均有较好疗效。

⑤用姜、盐、酒三合剂浸洗鱼种，先取 500 克老生姜加 1 500 毫升水磨烂，重复 3~4 次，再称取食盐 1 500 克，白酒 500 毫升与姜汁和匀，可用于 150 千克鱼种。

2. 鳃霉病

【症状与危害】　鳃霉菌通过孢子与鳃直接接触而感染，菌丝向鳃组织里不断生长，一再分枝，沿着鳃丝血管分枝，或穿入软骨破坏鳃组织，使病鱼呼吸困难，游动缓慢，失去追食能力，鳃上黏液增多，病重时，鳜鱼高度贫血，整个鳃呈淡灰色。当水质恶化，特别是水中有机物含量高时，容易暴发本病。

【防治方法】

①环道育苗时，用青霉素对水泼洒，用量为每立方米水体 40 万单位（或使水体达 0.25 克/立方米浓度），效果较理想。

②育种池塘，可用 450 毫克/升生石灰或 40 毫克/升漂白粉消毒灭菌。

（三）细菌性疾病

细菌是一种个体很小的单细胞生物，其大小通常用微米表示，大多数细菌可运动，对外界环境适应能力强，它们可使鳜鱼感染发病而引起大量死亡。近年来，由于养殖制度的改变，放养密度的增加，池塘清淤消毒不彻底，水质恶化，尤其是南方鳜种大量北上，致使细菌性鳜病传播流行，有的地区在生产中已经蒙受了重大损失。严重的细菌性鳜病有以下几种。

1. 白皮病

该病是鳜鱼在 3～10 厘米的鱼种阶段时的重要疾病之一。

【症状与危害】 发病初期，病鱼背鳍基部或尾柄出现白点，随着病情发展，迅速扩展蔓延，背鳍及臀鳍间的体表及尾鳍处都呈白色，严重的病鱼尾鳍烂掉或残缺不全，病鱼头部向下，尾部向上，倒悬于水中，时而作挣扎状游动，直至死亡。本病系操作不慎或车轮虫等原生动物寄生而导致鱼体受伤，病原菌乘机而入引发。

主要流行季节为 6—8 月，流行地区广，全国各养殖发达地区都有本病发生。发病来势凶猛，2~3 天鳜鱼种就会死亡，死亡率较高。致病因素主要是水质不好，使病菌繁衍，或是由于养殖过程中操作不当造成鱼体受伤，病菌乘机侵入导致。

【防治方法】

①始终保持鳜鱼养殖水体水质良好（可使用"超浓缩光合细菌"），减少病菌繁衍；在养殖过程中特别是扦捕、运输等操作要仔细，避免鱼体受到机械损伤。

②用 10 毫克/升漂白粉溶液浸洗，隔天浸洗 1 次，3 次见效。

③用 10 毫克/升高锰酸钾溶液浸浴 15~30 分钟。

④全池遍洒强氯精（含有效氯 90%），使池水呈 0.5~0.6 毫克/升浓度。

⑤用"杀菌红"全地泼洒，使池水呈 0.3~0.5 毫克/升浓度。

2. 烂鳃病

【症状与危害】 病鱼鳃丝腐烂发白，鳃片表面尤以鳃丝末端黏液较多，并黏附污泥，严重时病鱼鳃盖中央表面常常被腐蚀成近圆形的不规则的透明小孔，造成鳃丝、鳃小片坏死，呼吸上皮细胞及流经其间的红细胞坏死，直接影响鱼体呼吸功能，导致鱼体死亡。病鱼常离群独游水面，游动缓慢，体色变黑，食欲减退或不摄食，形体消瘦而导致死亡。

该病在全国各地都会流行，全年均可发病，水温在 20℃以上时开始流行，每年 4—10 月、水温在 28~35℃时为流行盛期。目前本病的发病强度相对而言虽不太高,但一旦患上本病,其危害还是比较严重的,尤其是当年鳜鱼发病受害比较严重,会出现成批死亡。

【防治方法】

①鱼种放养前用生石灰彻底清塘消毒。

②用10毫克/升敌百虫溶液浸洗5~10分钟,杀灭鱼虱等寄生虫,烂鳃病会逐渐得到好转。

③用0.2~0.3毫克/升二氧化氯、聚维酮碘或0.2~0.4毫克/升溴氯海因、二溴海因全池泼洒。

④用25毫克/升生石灰或1毫克/升漂白粉加0.3毫克/升硫酸铜全池泼洒。

⑤同白皮病的治疗。

(四) 纤毛虫病

纤毛虫病是鳜鱼夏花培育阶段危害较大的疾病。主要由斜管虫、车轮虫、舌杯虫、小瓜虫等寄生引起。症状表现为鱼体发黑,不摄食,漫游水面或颤抖,狂窜衰竭而死。

1. 斜管虫病

该病往往与车轮虫病同时发生。

【症状及危害】 斜管虫在鱼体皮肤及鳃部的刺激与破坏,引起病鱼分泌大量黏液,使皮肤及鳃的表面呈苍白色或皮肤表面形成一层浅灰色的薄膜,严重时病鱼漂浮水面,呼吸困难,鳃盖泛金红色,不久后死亡。主要危害鳜鱼种,死亡率高达90%以上。

【防治方法】

①彻底清塘，做好水源消毒工作，确保池水清新，溶氧量充足。

②用300毫克/升甲醛溶液浸洗预防，隔天浸洗1次，每次5~10分钟，发病时，每天使用1次。

③全池泼洒硫酸铜及硫酸亚铁合剂（5∶2），使池水呈0.7毫克/升浓度。环道施药1.2~1.4毫克/升浓度，停止流水20~30分钟（具体视鳜鱼承受程度调节），每天1次。

④用硫酸铜及高锰酸钾合剂（5∶2），使池水呈0.3~0.4毫克/升浓度。

2. 车轮虫病

车轮虫病是多种车轮虫寄生于鱼体而引起的，根据它们寄生的部位和致病情况可分为两种类型：一种是侵袭鱼体体表皮肤的车轮虫，此类虫体个体较大；另一种为侵袭鱼鳃的车轮虫，这一类虫体一般较小。

【症状及危害】　车轮虫侧面观看像碟子或毡帽，反面观看像圆盘，形似车轮，由此而得名。大车轮虫肉眼可见，小的必须要用显微镜或解剖镜观察。严重寄生时，引起寄生处黏液增多，病鱼游动缓慢，呼吸困难。大量寄生时会引起疾病流行，常导致鳜鱼种在短时间内大量死亡，危害十分严重。主要危害鱼苗、鱼种。

【防治方法】

①同斜管虫的防治。

②在网箱里或孵化缸中泼洒浓度为150~200毫升/立方米的福尔马林，池塘中泼洒浓度为15~20毫升/立方米。

③用 1%~3%食盐水浸洗 3~5 分钟。

④用苦楝树枝叶浸泡在池中，用量是每公顷 225 千克，每 7~10 天换 1 次，连用 3~4 次。

3. 小瓜虫病（白点病）

该病是由多子小瓜虫侵入鳜鱼的皮肤和鳃部而引发的病害。

【症状及危害】 小瓜虫病借助孢囊及幼虫传播，主要以幼虫侵入鱼皮肤或鳃表皮组织，吸取组织的营养，引起组织增生，而后在鱼体上发展为成虫。具体症状表现为大量寄生时，病鱼皮肤、鳍、鳃等处都布满脓泡，一个个脓泡表现为小白点，由于虫体的破坏和继发性细菌感染，使得病鳜体表黏液增多，表皮发炎，局部坏死，鳍条腐烂、开裂。镜检时多数只看见球形的成虫。病鱼消瘦，游动异常，最后因呼吸困难而死。

从鱼苗到成鱼均可被寄生发病，其中以夏花和大规格鱼种阶段危害较为严重。主要危害 5 厘米以下的苗种，一般在 5—6 月、水温为 15~25℃时易发本病，但当水质恶劣或养殖密度偏高时，在冬季及盛夏也有发病。

【防治方法】

①加强饲养管理，保持良好的水体环境，增强鱼体抵抗力。

②用 150 毫升/立方米福尔马林浸洗鱼种 10~15 分钟。

③全池泼洒福尔马林，使池水成 15~25 毫升/立方米的浓度。隔天遍洒 1 次，共泼药 2~3 次。

④降低水位，提高水温，在水温 28℃以上时，小瓜虫停

止增殖，自行脱落。

⑤每公顷用鲜辣椒粉 4 千克、生姜片 1.5 千克混合加水煮沸后，对水泼洒。

（五）蠕虫病

由蠕虫引起的疾病叫蠕虫病。目前危害鳜鱼较为严重的有指环虫等，鳜鱼患藤本嗜子宫线虫病只是偶尔发现。

1. 指环虫病

【症状及危害】 由指环虫寄生鳃部引起，少量寄生时没有明显症状，大量寄生时，病鱼浮头漫游，体色变黑，鳃丝显著肿胀，鳃盖张开，鳃丝呈淡红色、黏液多，贫血并易引发细菌性疾病，不仅可引起苗种大批死亡，而且对成鱼危害也很大。本病夏、秋季流行较严重。

【防治方法】

①鱼种阶段定期用晶体敌百虫全地泼洒，浓度为 0.2 毫克/升，效果较好。成鱼阶段用 0.03 毫升/立方米阿维菌素（商品名为混杀安、特杀安、十亩灵等）、丁基灭必虱（商品名为虫必克）或鱼虫杀星全池泼洒

②环道培育夏花发生本病时，可用晶体敌百虫遍洒，使水体达 0.7~1 毫克/升浓度。

③鱼种放养前，用 15~20 毫克/升高锰酸钾溶液药浴 15~30 分钟，杀死鳜鱼身上寄生的指环虫。

④用特效灭虫灵（B 型）0.4 毫克/升全池泼洒（不能与碱性药物合用，安全期为用药后 7 天），隔 3~5 天再用 1 次。

⑤做好水源和饵料鱼的杀虫处理，杜绝传染。

2. 藤本嗜子宫线虫

【症状及危害】 病鱼的背鳍、臀鳍、尾鳍的鳍条间或腹腔因虫体的寄生而发炎和充血，除影响生长外，一般不会造成死亡。

【防治方法】 用生石灰带水清塘杀灭幼虫及中间宿主。其他防治方法同指环虫病。

（六）甲壳动物病

由甲壳动物寄生引起的疾病叫甲壳动物病，常见危害鳜鱼的甲壳动物有锚头鳋、中华鳋等。

1. 锚头鳋

该病主要是由水源消毒、过滤不彻底或饵料鱼携带虫体而引起。

【症状及危害】 由锚头鳋寄生引起，寄生部位发炎红肿，组织坏死，易感染其他疾病。锚头鳋可危害各龄鳜鱼，其中对鱼种危害最大。患病后，病鱼呈现不安，食欲减退，游动缓慢，失去平衡；待锚头鳋的头部钻入寄主内脏，病鱼在不久后即死亡。

【防治方法】

①做好水源的消毒处理工作，可用 1 毫克/升晶体敌百虫遍洒。

②配套饵料鱼池定期用 0.3~0.5 毫克/升晶体敌百虫或 0.03 毫升/立方米阿维菌素、丁基灭必虱、鱼虫杀星、溴氰菊

酯（商品名为双效灵、敌鱼净等）杀虫消毒，购进的饵料鱼必须先消毒后投喂。

③发病鳜鱼池用 0.03 毫升/立方米阿维菌素、丁基灭必虱或鱼虫杀星全池泼洒。

④环道用 1 毫克/升晶体敌百虫、10 毫克/升食盐、10 毫克/升碳酸氢钠合剂全池泼洒；或用 10 毫克/升高锰酸钾全池泼洒。

⑤用 10 毫克/升敌百虫或高锰酸钾溶液药浴 15 分钟，及时将池水更新。

2. 中华鳋

该病从 5 月下旬至 9 月上旬最为流行。

【症状及危害】　在鳜鱼夏花培育阶段，有时会在病鱼鳃上发现乳白色的小蛆样中华鳋寄生，轻度感染时一般无明显症状；严重时，病鱼呼吸困难，焦躁不安，造成鱼体消瘦，生长缓慢，最后消瘦而死。

【防治方法】

①流水池用 1.4 毫克/升敌百虫粉剂（2.5%）和硫酸亚铁合剂（两者的比例为 1.2∶0.2）全池泼洒。静水池用 0.5 毫克/升敌百虫粉剂和硫酸亚铁合剂全池泼洒。

②用鱼虫克星Ⅰ号（鳜、鳗专用）0.125 毫克/升浓度，5 天后再减半用 1 次，严禁与生石灰、消毒剂等碱性物质同时使用。

③用 0.03 毫升/立方米阿维菌素、丁基灭必虱或鱼虫杀星全池泼洒。

（七）其他疾病

1. 孢子虫病

【危害及症状】　黏孢子虫病常见于淡水鱼类，危害较大，尤其危害幼龄鳜鱼，破坏其皮肤、鳃组织，影响呼吸功能。病鱼体表和鳃部肉眼可见白色点状物，肛门拖一条未消化的粪便，使鱼体负担过重，失去平衡，在水面上打滚，影响正常摄食，2天内死亡率达40%左右。

【防治方法】　目前尚无理想的治疗方法，可试用以下方法。

①用晶体敌百虫（90%以上）全池遍洒，使池水达0.1毫克/升浓度，多次使用可减轻病情。

②使用0.1毫克/升灭孢灵，全池泼洒。

2. 鳜暴发性流行病

该病由嗜水气单胞菌等细菌感染引起，常伴有寄生虫性疾病。在长江流域2月底至11月、水温在9~36℃之间均会流行，尤以水温持续在28℃以上及高温季节后水温仍保持在25℃以上时尤为严重。

【症状及危害】　病鱼体色发白，黑纹消失或变浅。有的病鱼可在下颌、鳃盖、鳍基及肛门周围出现轻度充血，静卧水底或缓慢独游。病鱼鳃瓣内充满血块和血黏液物，但鳃丝无缺损病变，只是鳃发白、缺血，肝脏组织变性，颜色较淡，有黄色斑块。胆囊肿大，腹腔有积水。经肝组织切片表明，肝细胞出现自溶融化、胞核萎缩、坏死及严重充血现象。从血相分析表明：病鱼红细胞为（0.78~0.98）×10^6/立方毫米，血清总蛋白 0.38~1.75 克，较正常值分别降低 56%~87%与 62%~95%；粒性白细胞为 5 800~7 200个/立方米，较正常值增加 9%~15%，表明炎症状况已非常严重。本病传播快，死亡率高，在水温为 25~30℃时，急性暴发后 3~4 天死亡，亚急性的 7~8 天死亡，严重的病鱼池死亡率达 60%，为近年来的暴发性流行病，对鳜鱼造成危害极大。

该病正常情况下处于潜伏状态，受外界刺激引起机体病变。主要在环境不良情况下由细菌感染引起，气温在 20℃以上时发病，低温时受到抑制。水质恶化、寄生虫感染、饵料鱼营养不平衡、管理不善均为诱发或协同因子。

【防治方法】

①彻底清塘消毒，杀灭病原体，控制病原体的传播。

②加强饲养管理，降低放养密度，改善池塘环境，用生物改良剂改良水质，维持水生态平衡。定期用药物预防，每半个月全池泼洒 1 次消毒剂。

③储养的饵料鱼先用含 1.2‰~2‰EZO-活力源添加剂的饲料喂食，2 小时后再扦捕供鳜鱼食用，对预防出血病有显著效果。

④在治病前必须先有针对性地杀灭鱼体表及鳃上的寄生虫，定期施用生石灰调节池水 pH 值，使池水 pH 值保持在 7~7.5 范围内。

⑤用三氯异氰尿酸全池泼洒，使池水呈 0.4~0.5 毫克/升浓度，连用 2 次。

⑥用 0.3 毫克/升二氧化氯按使用说明配制后全池泼洒，

连用 2 次。

⑦用 0.2~0.3 毫克/升聚维酮碘全池泼洒。

⑧有条件的可进行免疫接种。

3. 病毒性肝病

【症状及危害】 主要症状为病鱼不食饵料鱼，静卧或独游，外表症状不明显，体表及鳍条完好，鳃丝无缺损但发白，肛门不红肿，无黄色或红色物流出。剖腹可见肝脏苍白，胆囊肿大，胆汁浑浊变黄。该病由病毒引起。

【防治方法】

①全池泼洒 0.2~0.3 毫克/升聚维酮碘。

②饵料鱼投喂药饵，每千克饲料拌病毒灵 15 克、恩诺沙星 8 克和维生素 C 5 克。

4. 感冒

鱼类是冷血动物，其体温随水温而改变，一般与水温仅差 0.1℃。当急剧改变水温时，即降低或升高水温，都会刺激鳜鱼皮肤的末梢神经，从而引起鱼体内部器官活动的失调，发生感冒，其症状是皮肤失去原有光泽，并有大量黏液分泌。若发现不及时，患感冒的鱼就会死亡。

防治方法：鳜鱼从一个水体移到另一个水体时，水温相差不得超过 3℃，对于鳜鱼的成鱼和亲鱼，水温的突然改变不应超过 5℃，对鳜鱼苗种则不应超过 2~3℃，只有注意温差调节，才能有效地预防感冒。

第六章　鳜鱼的加工储运技术

　　鳜鱼的加工、储运和销售是生态健康养殖的产后环节，它直接影响产品的质量和养殖效益。因此，必须把它作为无公害水产品生产技术的重要环节来抓。

一、无公害食品鳜鱼的要求与检测

　　农业部 2002 年 7 月发布的行业标准《无公害食品　鳜》（NY 5166—2002），对无公害食品鳜的鲜活要求与检测进行了明确的规定。

（一）感官要求

　　1. 活鳜

　　鱼体健康，游动活泼；鱼体呈鳜固有形状、体色，具光泽；体态匀称；鳞片紧密。

　　2. 鲜鳜

　　鲜鳜感官要求如表 6-1 所示。

表 6-1　鲜鳜感官要求

项目	指标
体态	体态均匀
体表	鱼体呈固有体色和光泽，鳞片完整，不易脱落

（续表）

项目	指标
鳃	鳃丝清晰，色鲜红或紫红，无黏液或有少量透明黏液，无异味
眼球	眼球饱满，角膜透明
气味	气味正常，无异味，具有鳜固有气味
组织	肌肉结实，有弹性，内脏清晰，无腐败变质

（二）安全指标与检测规定

鳜安全指标与检测规定如表6-2所示。

活鳜以同一鱼池或同一养殖场中养殖条件相同的产品为一检验批；鲜鱼以来源及大小相同的产品为一检验批。每批产品随机抽取 5~10 尾，用于感官检验；每批产品随机抽取至少 3 尾，用于安全指标检验。

表6-2　安全指标与检测规定

项目	指标	检测规定
感官检验		在光线充足、无异味的环境中，在白瓷盘中对样品进行检验
汞（以 Hg 计，毫克/千克）	≤0.5	按 GB/T5009.17 的规定执行
砷（以 As 计，毫克/千克）	≤0.5	按 GB/T5009.11 的规定执行
铅（以 Pb 计，毫克/千克）	≤0.5	按 GB/T5009.12 的规定执行
镉（以 Cd 计，毫克/千克）	≤0.1	按 GB/T5009.15 的规定执行
土霉素（毫克/千克）	≤0.1	按 SC/T3303—1997K 中附录 A 的规定执行
磺胺类（以总量计，毫克/千克）	≤0.1	磺胺类中的磺胺甲基嘧啶、磺胺二甲基嘧啶的检测按 SC/T3303—1997 中附录 C 的规定执行，其他磺胺类按 SN 0208 的规定执行

（续表）

项目	指标	检测规定
氯霉素	不得检出	氯霉素残留量的筛选方法按 NY 5070—2002 中附录 A 规定招待氯霉素呈阳性者，其残留量的测定按 NY 5029—2001 中附录 D（气相色普法）的规定执行
呋喃唑酮	不得检出	按 SN0530 的规定执行

二、食品鳜的标志、包装和运输

无公害水产品的认证完全遵照无公害农产品认证的办法，认证标准强调从池塘到餐桌的全过程质量控制，检查、检测并重，对认证合格者颁发"认证证书"和"认证标志"。并明确了包装、运输和贮存要求。

1. 标志

食品鳜应标明品名、产地、生产者、出场日期。

2. 包装和运输

所用包装材料、运输工具及包装容器应牢固、洁净、无毒、无异味、符合卫生要求，严防带入污物污染鱼体或水质。活鳜包装和运输中应保证对鳜所需氧气充足，水质应符合《无公害食品　淡水养殖用水水质》（NY 5051—2001）的规定，加强途中管理和检查鱼的活动是否正常；鲜鳜的运输应采取保温、保鲜措施，装箱（桶）时应腹部向上，一层鱼一层冰，并加封顶冰，使鱼体不外露，维持鱼体温度在 0~4℃，确保鳜鱼的鲜度及鱼体的完好。

参考文献

长江水产研究所 . 1986. 家鱼人工繁殖技术 ［M］. 北京：中国农业出版社.

戈贤平 . 2000. 淡水养殖实用技术手册 ［M］. 北京：中国农业出版社.

黄琪琰 . 1993. 水产动物疾病学 ［M］. 上海：上海科学技术出版社.

江育林 . 2003. 水生动物疾病诊断图鉴 ［M］. 北京：中国农业出版社.

孔繁翔 . 2000. 环境生物学 ［M］. 北京：高等教育出版社.

廖朝兴 . 2005. 无公害水产品高效生产技术 ［M］. 北京：金盾出版社.

凌熙和 . 2001. 淡水健康养殖技术手册 ［M］. 北京：中国农业出版社.

涂逢俊 . 1994. 中国农业百科全书 ［M］. 北京：中国农业出版社.

王武 . 2000. 鱼类养殖学 ［M］. 北京：中国农业出版社.

徐在宽 . 2002. 鳜鱼、鲈鱼规模养殖关键技术 ［M］. 南京：江苏科学技术出版社.

赵明森 . 1997. 特种水产品养殖 ［M］. 南京：江苏科学技术出版社.